U0144629

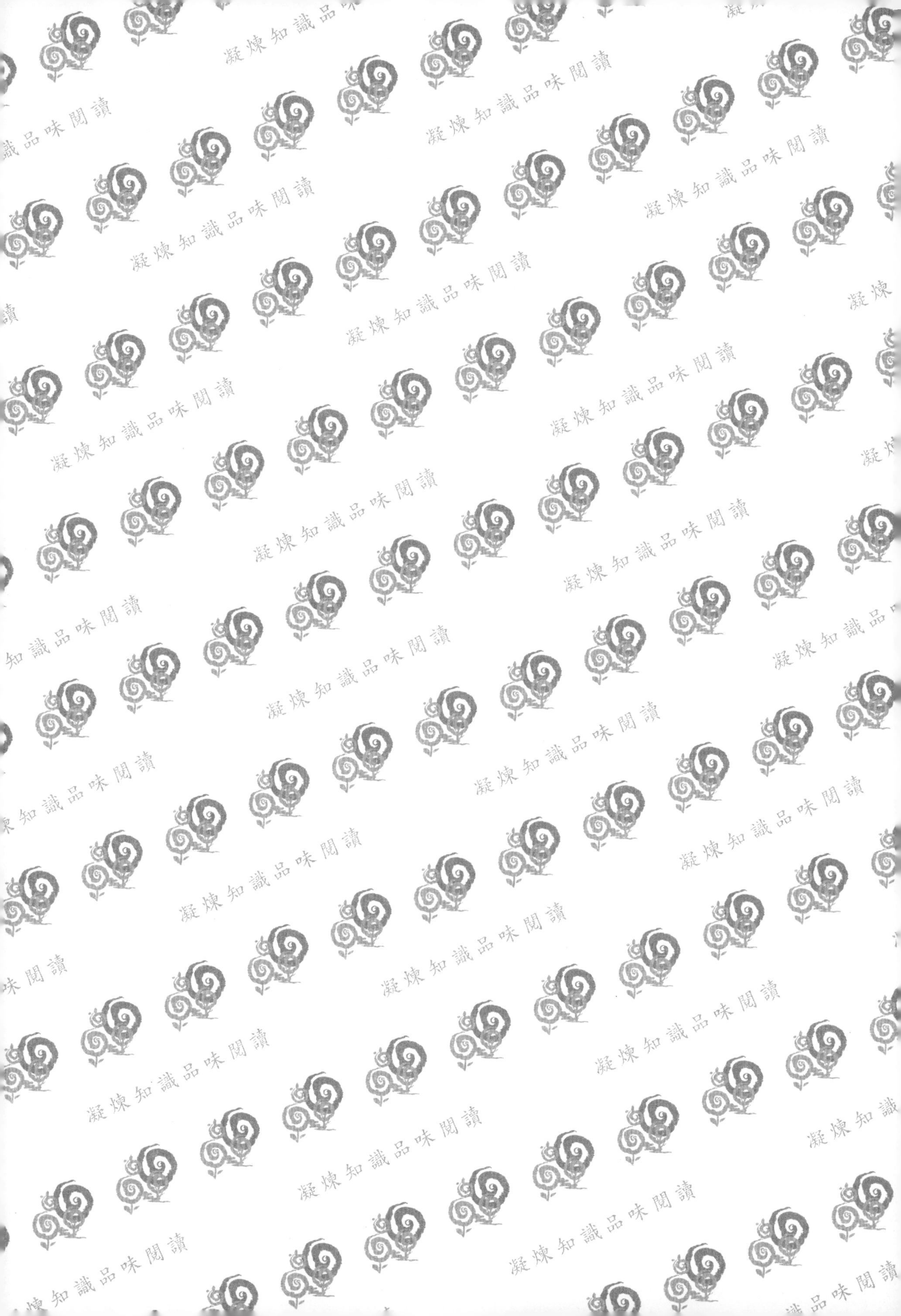
凝煉知識品味閱讀

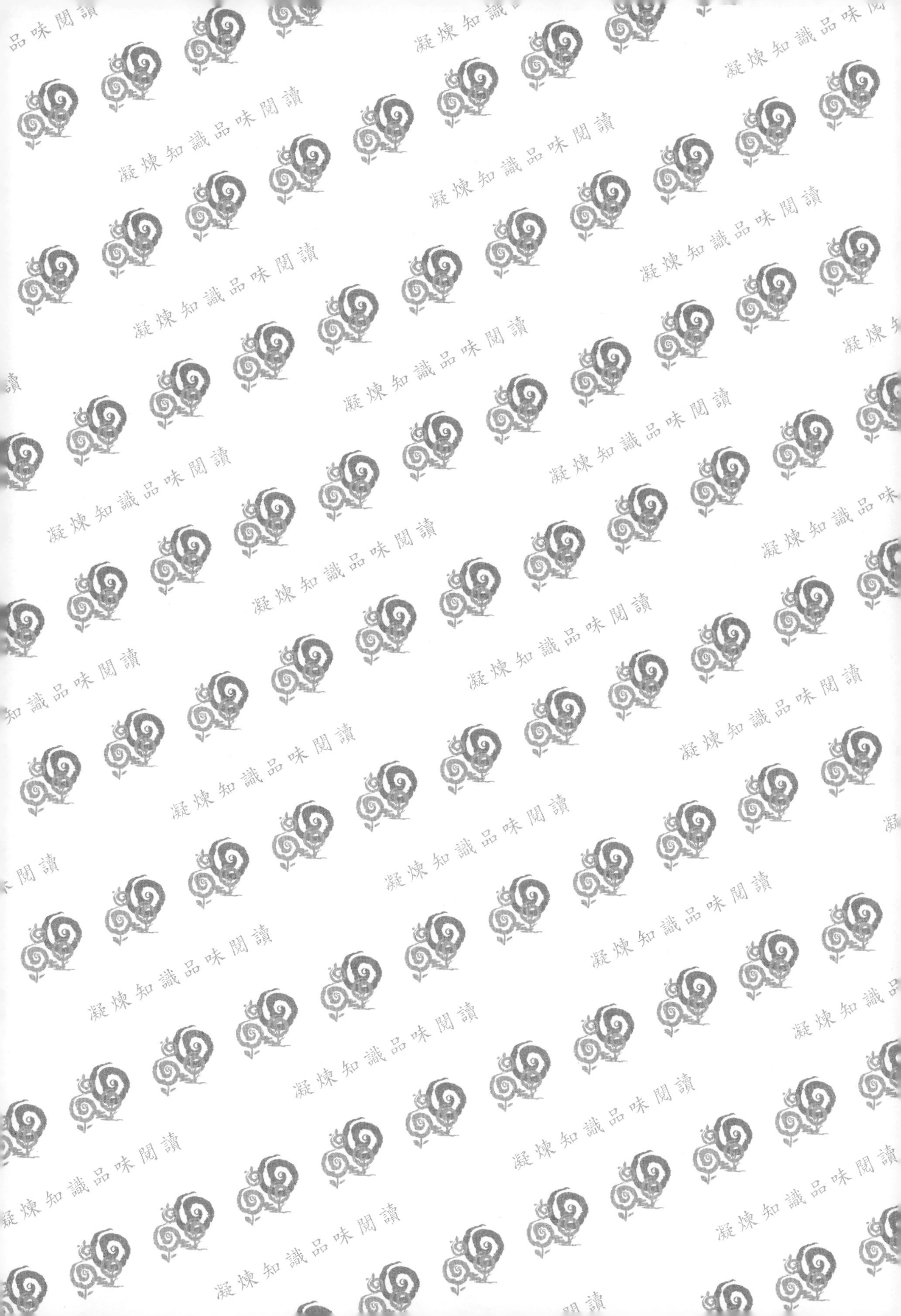
凝煉知識品味閱讀

企業價值主張與消費者感知價值之互動歷程

Service Innovation and Management

The Interaction between Firm Value Proposition and Consumer Perceived Value

廖東山、董希文　著

五南圖書出版公司 印行

推薦序

我認識本書作者董希文的時間雖非很長，但對於書中內容卻是心有戚戚焉的產生了共鳴感。本書前段主要是透過學術角度解釋「價值主張」與「價值感知」，是企業主與消費者之間相互傳遞與接收訊息後的產物，這個產物是溝通後的認知，是企業的定位、策略、核心，也是消費者接收後的價值認知；中段爲「企業價值主張」轉化與傳遞到「消費者價值感知」的過程；後段六大通路訪談則帶出各企業價值主張欲傳遞的關聯性呼應。

對我個人而言，閱讀過後最有收穫的部分爲：

1. 透過服務情境進行轉化，並在微觀、中觀、宏觀等階段，帶出消費者對於該企業的價值共鳴。微觀——消費者初次體驗該企業價值；中觀——多次微觀的綜合體驗，連續或同時得到多項的消費體驗能建立消費者對於該企業的價值觀。其中令我感到有趣的是，如果餐廳的餐點與服務都很好，但桌面上出現一隻蟑螂，則中觀的綜合評價會出現影響力，也就是說，商品與服務再好，但消費體驗的環境如果不佳，還是會影響消費者對於企業價值觀；宏觀——對於企業的整體或過去經驗知覺。
2. 服務流程爲價值主張傳遞的載具，其中包含以下四型，分別爲：經濟型主張性價比、功能型主張需求、情緒型主張體驗與感受、象徵型主張消費者認知。在閱讀本書之前，我先入爲主地認爲目前營運的連鎖 Spa 體系屬於功能型的價值主張，但細讀書裡的定義與說明，才充分理解到，Spa 業其實屬於情緒型的價值主張，透過服務環境與流程中刻意安排的刺激物來喚醒消費者的正向情緒，進而感知企業意圖要釋放或傳遞的訊息。

在了解並認同書中所闡述的上述兩個論點後，隨即進行公司內部對於企業價值傳遞的調整，除年初就訂定的「服務最用心、客人更愛你」的策略外，更計畫於下半年重點營運方向進行整體服務情境的優化，且強化服務流程 SOP 的穩定度，藉此期許能讓顧客清楚地接收到 Eunice Spa 想傳遞的企業核心價值。

印象中，在我的求學階段，因爲沒有實際的工作經驗，對於以理論爲基礎的教科書，即使認眞拜讀，常因無法理解箇中道理而徒勞無功，也常爲了考試而不求甚解的死背，自然導致在往後的日子中，把理論原封不動的還給了教授，此次卻藉由本書有了全新的體會。

十分榮幸能受邀撰寫推薦序，在認眞的閱讀後，透過這本結合學界理論、業界經驗的企業價值傳遞教戰手冊，可先確立自身與團隊是否有正確地傳遞企業價值的觀念。此外，更可進一步應用書中各個章節，檢視企業傳遞給消費者的品牌價值、核心價值是否歸類正確，是否還有可以優化的面向？並透過六個大型品牌企業之剖析，來對應企業價值主張傳遞的基礎模型以及相關成效，層層推進的內容構成，使人讀後收穫頗豐，眞心推薦給負責企業價值傳遞、企業品牌營運或對相關議題有興趣的讀者們。

創聯生醫國際股份有限公司

總經理　洪陽菁

推薦序

我因爲受邀協助中華航空公司提升整體的服務品質，於 2013-16 年期間擔任華航董事長高級顧問，認識當時任職華膳空廚的董希文總經理。希文是一位受過專業教育訓練的餐旅專家，對工作品質要求嚴謹，且一直好學不倦。隨後探討各種服務策略與消費心理間關係等研究，並與廖教授合力完成此書的編撰。

自己從事旅館行業 23 年，在高雄餐旅大學教旅館管理 19 年，並擔任許多企業的顧問分享經驗，所以上課或指導時常常需要分析市場競爭、講解消費者的行爲、律定產品核心競爭力、訂定公司營運策略、改善服務流程、設立評量標準……通常大都憑藉自己多年前在學校所學的基本服務理論，加上多年累積的工作經驗及觀察力，來闡述問題及提出解決方案。然而本書作者卻能有系統地找出許多管理大師的論述，並印證各種消費行爲與公司策略之間的相互影響，進而編排出這本書。我才發覺原來有這麼多的有趣案例，且非常有用的理論是有關服務管理及創新的議題。

書中前半部舉證了各知名大師有關消費心理、服務、銷售、公司經營理念、成功營運策略的各種理論，可以讓讀者理解各種現象及問題；後面幾章則舉了饗食天堂、福斯汽車、宜家家居、好市多、中華航空及 momo 購物網等六家大家耳熟能詳的成功個案，每個案例均包含個案基本資料與發展沿革、價值主張說明與變革、組織服務環境與流程、市場／消費者的價值共鳴與財務績效等層面，可以讓讀者了解這些企業經營成功的要素。

因爲有許多名家的理論支持及許多成功的案例，這本書非常適合作爲企業管理或服務業管理的教科書；也極適合產業界的專業經理人，作爲提升其競爭力及獲利能力、設計服務流程及教育訓練其服務團隊的最佳工具書。

王品集團董事　蘇國垚推薦

2022 年 7 月

作者序

隨著商業模式理論的興起，價值主張的概念經常是高階經理人交談時的話題。更有甚者，將價值主張作爲其發展企業策略的重要基礎。他們試圖通過價值主張來呈現企業所要想要向消費者提供的價值。絕大部分的企業經理人慣於透過公司的產品與服務「設計」價值主張。而往往，他們所表達的「價值主張」侷限於價格與功能上的詞彙，很難呈現出企業眞正的價值。

我們一般把商業模式視爲一種基於追求獲利與價值最大化的企業營運解決方案。而商業模式藍圖（Business Model Canvas）是企業經理人進行營運設計的理論框架。但是基於這樣的原則，不幸的是，當你成功設計了一套商業模式，你也許只是主觀地理解，你應該如何地在你所堅信的價值訴求上去實現企業資源運用的效益、利益的最大化，以及實現你對消費者的價值承諾。

可是，這裡可能存在著一個「悖論」：你是如何得知在你的目標受眾已經接受到、甚至是已經理解你所要傳達的企業價值？正如前面所提到的，企業價值主張的設定通常是遭受限制，沒有完全反映企業營運的價值理念；另外，商業模式架構本身並沒有讓經理人充分理解企業價值應該如何傳遞，以及消費受眾價值感知的行爲與過程。價值的傳遞與感知之間存在著一種未知的鴻溝。

在本書中，我們建構了「企業轉化價值主張至消費者價值感知的動態循環流程框架」（簡稱「價值傳遞與感知框架」）。基本上，它是結合企業策略、商業模式、服務場域、消費心理與情緒模型多項理論所建構而成。它要解決的問題有：

- 企業應如何建構價值主張的載具來呈現企業價值？
- 企業應如何適當地刺激消費受眾的情緒，以感知企業意圖傳達的價值？
- 企業如何發展並引導價值共鳴，以凝聚與擴散消費受眾的「符號價值」？

這裡提到的「符號」，是一種消費者集體意識的產物，它是以產品或服務和企業價值爲核心的一種社會化集體共識。在符號化的消費市場中，消費群體共同塑造與共享的符號意義，進而轉化成爲「符號價值」。因此符號價值是一種消費者社會化過程中所衍生的共同價值觀，也是構成價值共鳴的最佳途徑。

爲了建構「價值傳遞與感知」的理論框架，同時也爲了回答上述的三個問題，我們將本書安排爲四個主要的篇章：

- 第一篇討論「價值主張」、「商業模式」、「服務場域」及「價值感知」等四個關鍵概念與其關係。
- 第二篇則側重情緒基模和腳本理論的討論，並且以此爲基礎討論消費者在進入服務場域的情緒狀態與行爲反應，此間的討論乃基於 PAD 模型的探討。
- 在第三篇，本書剖析消費者在服務場域內外的情緒情節，並且建構「價值傳遞與感知」的理論框架，同時導引出「價值共鳴發展藍圖」，用以協助企業傳遞價值主張並與消費受衆產生互動與共鳴。
- 第四篇則收錄了作者訪談與深入探索的六個案例，包含：饗食天堂、瑞典宜家家居、德國福斯汽車、台灣好市多、中華航空與 momo 購物網。前五家企業爲國、內外著名的企業，針對這些個案公司聚焦實體服務場域的討論；第六家個案企業，momo 則爲台灣執龍頭地位的電子商務公司，則著重於虛擬服務場域的探討。

本書不僅僅是以企業營運與策略發展的思維來建構「價值傳遞與感知」的理論框架。我們更加深入探索消費者在服務場域內外的情緒反應。依照消費者經歷的情緒事件與情緒反應的複雜程度，我們將情緒情節區分爲：（1）微觀情緒情節，旨在了解消費者在服務場域中的生理刺激轉換爲心理反應的單一情緒情節；（2）中觀的體驗感受，旨在聚焦於消費者在消費場域的完整體驗感受。本書認爲，中觀的體驗感受是在整體消費過程中，不斷地累積與迭代所發生的微觀情緒情節；（3）宏觀價值感知，側重於消費者對企業或其所提供產品與服務的價值感知。

在宏觀價值感知的討論中，本書也聚焦消費者資訊知覺與經驗知覺對於消費者在宏觀價值感知的影響。資訊知覺通常來自於消費者接收與消化在企業服務場域外的各種訊息，例如口耳傳播、廣告、社群媒體；經驗知覺則是消費者自身消費體驗的經歷。消費者的經驗知覺是促成企業符號價值交流的基本元素；他們資訊知覺的產生是企業符號價值社會化的主要因素。而本書所深入探討消費者在服務場域內的體驗感受，從微觀、中觀，乃至宏觀的價值感知，則是他們對於符號價值的驗證與新生的過程。

在第三篇的最後，第 12 章，本書融合「價值傳遞與感知框架」和品牌共鳴模型（CBBE 模型），構築企業發展價值共鳴藍圖。依發展階段，分別為「構建清晰的價值主張，吸引消費者進入到企業的消費場域」、「創造能夠展現價值主張的服務場域」、「注重服務流程的設計，引導正面的情緒反應，促進消費者的價值感知」，以及「建立消費者與企業的共鳴關係」等四個階段。我們認為，當消費者的在服務場域外的經驗知覺與（或）資訊知覺融合了在消費場域內的體驗感受，並與企業彰顯的價值主張產生共鳴的同時，消費者所感知到的價值與企業倡議的價值主張應該是契合且一致的。

當代企業策略的發展讓經理人逐漸了解，商業組織的發展是不斷地實現市場績效。當我們反思商業模式發展，它必然是以企業的價值創造為焦點。也就是說，一個商業模式的建構必須是以價值作為驅使商業與管理行為的內在動力。因此，一個企業策略願景的實現與客戶價值的傳遞和交付是息息相關的。

這本書雖然在呈現的方式較為偏向教科書的形式，但是它的內容非常適合企業經理人、門市的管理者和微型電商的經營者閱讀。本書除了理論邏輯的闡述之外，更加入隸屬於不同產業的個案來說明企業價值傳遞與消費者價值感知的過程。如果你是大學生或者你是正在就讀 EMBA 的經理人，你可以利用本書安排於每一章末的課後討論來驗證或更進一步理解你所學習的內容。如果你正在經營門市或電商，或是你正在設計規劃企業的服務流程與場域，本書所建構的「價值傳遞與感知框架」和「價值共鳴藍圖」會是你值得參考最為完備的規劃指南。

廖東山 於元智大學

2022 年 7 月

作者序

這是我的第二本著作，距上次出版的《菜單設計與成本分析》剛好是十二生肖一個輪迴的光景。雖其屬性均較偏向教科書性質，但這本書較符合大學高年級、研究所修讀策略相關的課程使用，但同時也是一本啟發企業經理人如何透過服務場域的建置，將其產品與服務的價值傳遞給目標受眾的專業書籍。

回首著作的初期，我與廖東山指導教授討論想運用 1974 年環境心理學家麥拉賓與羅素所建構的「環境心理學理論框架」，以發展我後續研究消費者行爲的主題。教授說，有關這類的行銷題目較難發揮出其研究的價值，既然我們談到價值，何不以策略的角度來定錨，納入動態能力的理論，將企業所倡議的「價值主張」及消費者所感受到的「感知價值」運用在 1974 年的這個基礎的理論框架中，試圖找出價值傳遞微妙的演進歷程，並建構出屬於自己的價值理論框架，這也是本書第八章所呈現的「企業轉化價值主張至消費者價值感知的動態循環理論模型」，具體地發揮出做研究的價值與貢獻。

本書引用在 2015 年蔚爲風潮由亞歷山大．奧斯瓦爾德出版的《價值主張年代》（Value Propositions Design），該書將價值主張鑲嵌於「商業模式圖」中，幫助許多企業找到提供顧客產品與服務的核心價值。價值主張除是企業開門做生意的定海神針，更是提供消費者展現產品與服務核心價值的感受，這就是本書所討論的「感知價值」。

無論是企業的「價值主張」或消費者的「感知價值」，這兩個主題在大學及研究所的策略或行銷課程都會有所涉略，但不見得會將這兩個主題以「因果關係」的方式來呈現或講授。事實上，當消費者進入實體賣場或虛擬通路的環境中消費時，既以無意識地進入企業所刻意佈置的消費環境，讓消費者去體驗該企業所試圖傳遞的價值感。米其林星級餐廳所提供的餐飲，對絕大多數消費者的普遍認知是「超越一定的水準」，但也唯有透過實際的用餐及款待的過程，才能眞正的體會到該餐廳所欲傳遞的價值感。至於我們日常生活所品嚐的街邊小吃或名人所推薦的料理，雖然與米其林星級餐廳所訴求的價值不同，但所有的餐廳對消費者所倡議的價值，不會因價格的高低產生不同的價值訴求，故價值訴求對消費者而言是等值的相同。

鑒於企業價值主張的倡議與消費者感知價值間的轉換過程，有許多的細節企業應納入考量，價值才能成功地傳遞到消費端。本書藉由跨領域理論的探討及透過國內外知名六家服務型企業的高階主管進行訪談，將學術理論與業界實務結合，致使本書的結構更臻完整。

第一篇著重於探討策略性價值靜態性的理論陳述；第二篇則參酌管理、心理等學術文獻的研究成果，解釋啓動價值傳遞的動態能力；第三篇根據作者專訪六家國際企業的訪談案例，剖析出消費者對於企業所倡議的價值主張具有四種不同層次的動態感知歷程，並描繪出整體的「價值傳遞與感知價值框架」；第四篇爲饗食天堂、福斯汽車、宜家家居、好市多、中華航空及 momo 購物網等六家國際企業的個案探討，每個案例均包含個案基本資料與發展沿革、價值主張說明與變革、組織服務環境與流程、市場／消費者的價值共鳴與財務績效等層面。

最後，本書得以順利出版，除要特別感謝五南出版社的大力支持與協助外，特別是六家企業高階主管願意接受本書作者的專訪，提供產業界更細緻的實務運用及管理洞悉，在此表達由衷的感謝之意。

董希文，CHA

2022 年 7 月

目錄

第一篇　價值主張與價值感知

第一篇

價值主張與價值感知

價值主張與價值感知源自於兩個不同的群體，前者屬企業對消費者所倡議的價值訴求，後者則是消費者的價值認同或在市場形成的價值共鳴。在倡議與認同的關係中，企業企圖傳達其所倡議的價值主張，而消費者則一定程度上對其所認同的企業價值做出回應行為。

從學術研究的角度而言，此間的關係基本上可以透過心理學「刺激—個體（有機體）—回應」理論模型（Stimulus-Organism-Response, S-O-R）來描述。企業之營運模式與策略可說是企業價值主張的延伸，而企業所營造的交易與服務環境更是企業價值主張彰顯的場域。碧特納（Bitner）於 1992 年提出服務場域（Servicesacpes）的概念，即認為服務場域的規劃與其中相關有形與無形資源的配置可以促進消費者行為的產生。

於本篇中，本書先討論「價值主張」、「商業模式」、「服務場域」及「價值感知」等四個關鍵概念與其間的關係。在此過程中，每一個關鍵的辭彙將引用著名學者在該領域的解釋，如亞歷山大．奧斯瓦爾德（Alexander Osterwalder）從價值主張的核心發展出的「商業模式藍圖」；瓦爾格（Vargo）與盧施（Lusch）則從「服務主導邏輯」（Service Dominant Logic, SDL）的概念導引出價值主張是企業與消費者價值共創的產物；碧特納（Bitner）在服務場域的研究中率先提出如何藉由實體場域（環境）有效的刺激消費者感受到企業無形價值的存在；以及學者桑切斯—費爾南德斯（Sánchez-Fernández）與伊涅斯塔—博尼洛（Iniesta-Bonillo）對消費者的價值感知進行價值「理性與感性」的分類。

這些關鍵的理論概念是本書發展「企業轉化價值主張至消費者價值感知的動態循環模型」的理論基礎（將於本書第三篇討論）。作者認為，上述每一項概念的理論內涵是各自獨立但相互輝映的。在接下來本篇的各章節中，我們將回顧這些著名學者對價值與企業價值主張的想法，並根據她（他）們的論點，勾勒出連結企業價值主張與消費者價值感知的理論模型。

第一章 價值主張

★學習目標★

閱讀本章後，您應該可以了解與掌握

- 價值主張的起源與演進歷程
- 顧客價值的本質
- 價值類型的分類
- 企業價值主張對消費者的承諾
- 企業價值主張的類型

企業價值主張（Value Proposition）存在的重要性主要是產品與服務對消費者所倡議的價值承諾，同時也是彰顯該價值在市場的競爭優勢。這種外顯兼顧內隱的價值訴求，對於企業，特別是服務型企業，是一種成熟的策略規劃及行銷操作。針對企業對消費者所倡議價值承諾，即價值主張。在本章，我們回顧「價值主張」幾個重要的發展演進歷程。

企業價值主張在過去的演進過程中，我們了解到企業對消費者所提出產品或服務的價值訴求逐漸淡化產品交換的經濟價值效用；而逐漸聚焦在對消費者倡議之企業經營價值與哲學理念。換言之，價值主張是企業對消費者或顧客所倡議之產品或服務的承諾，可幫助她（他）們在生活上帶來甚麼樣的意義或價值，同時也可在社會上產生某種程度的影響與共鳴。

1.1 價值主張的演進里程碑

「價值主張」這個詞彙係由蘭寧與麥可等學者（Lanning & Michaels, 1988）於 1988 年為麥肯錫公司所撰寫的內部刊物，首次對該詞彙有了明確地定義。這兩位學者認為，企業闡述卓越的價值主張應具備「一個清晰及簡單地的陳述來說明公司提供消費者購買產品與服務所獲取之有形和無形的益處，這些益處也是該公司對每個消費族群所應收取的最佳價格。」[1] 麥肯錫公司提出企業價值主張的全新理念，讓消費者可根據產品或服務的價值（及價格）進行主觀的衡量，並且依次作為他們購買決策的依據。這樣以價值為導向的行銷途徑顛覆了過去企業專注於商品設計、製造與以商品本身為核心的銷售邏輯。

企業高階主管對於價值主張的倡議須從宏觀的視角，並從策略的觀點建構以

---

1 原文為 A superior value proposition-a clear, simple statement of the benefits, both tangible and intangible, that the company will provide along with the approximate price it will charge each customer segment for those benefits.

符合消費者期望、服務與體驗爲主軸的價值訴求，藉以獲取消費者的共鳴與持續強化市場的競爭力。於 2004 年，亞歷山大．奧斯瓦爾德（Osterwalder, 2004）在他的博士論文中已將價值主張的定位，從傳統的銷售及行銷層面拉高到由企業管理高層所主導的策略競爭層次進行研究。奧斯瓦爾德認爲，企業之於價值主張的策略意涵：「公司提供特定客戶族群所需產品與服務的價值組合。這樣的價值組合代表公司與競爭對手形成一種價值區隔的競爭模式，這也是爲何消費者會選擇特定企業所提供較好的超值組合，而不選擇其它公司的商品。」（Osterwalder, 2004）[2] 我們從蘭寧與麥可，以及奧斯瓦爾德等學者所定義的價值主張發現一個共通性，那就是企業對消費者所倡議的價值主張具有三個主要的關鍵元素，包含企業所承諾與提供消費者什麼樣的產品與服務的價值、哪些消費族群會獲取這些承諾價值的利益，及這些企業所承諾的價值能否使得其在市場維持競爭力。

價值主張已成爲企業追求消費價值的趨勢，同時也成爲管理學者熱衷研究的議題之一。千禧年初，企業銷售的模式以商品本身爲核心的經濟價值，強調商品的價值交換（Value-in-Exchange），這樣的價值取向及銷售模式稱之爲「商品主導邏輯」（Goods Dominant Logic, GDL）。2004 年，瓦爾格與盧施（Vargo & Lusch, 2004; 2008）提出以服務及消費者爲核心的「服務主導邏輯」（Service Dominant Logic, SDL），強調商品是靜態的、無生命的與實體的對象性資源（Operand）。該資源須透過動態的、有生命的及無形的操作性資源（Operant），如人類的知識與技能，透過共創價值的過程，才能突顯出消費利益的價值。據此，在「服務主導邏輯」的定義下，價值主張是企業對特定消費族群所發出的訊息或是溝通語言，並促使他們融入與參與價值共創的過程。

安德森等學者（Anderson, Narus & Van Rossum, 2006）認爲，企業卓越的價值主張不是華麗的行銷文宣口號，應從策略規劃的角度，針對目標客戶提出具體

---

2 原文爲 Value proposition is an overall view of one of the firm's bundles of products and services that together represent value for a specific customer segment. It describes the way a firm differentiates itself from its competitors and is the reason why customer buy from a certain firm and not from another.

可實施的價值方案。安德森所提出的價值主張聚焦於競爭能力與永續經營等面向。也就是說，企業提供消費者產品與服務的價值須包含下列的三個主要的內涵：產品與服務可以提供消費者哪些好處；其次，這些好處能否與主要的競爭者形成競爭的優勢；最後，這些主要的競爭優勢能否獲得目標族群的共鳴。安德森（Anderson, et al., 2006）所建構的價值主張內涵與麥肯錫（Lanning & Michaels, 1988）以及奧斯瓦爾德（Osterwalder, 2004）所提出價值主張的定義或內涵相互呼應，並匯聚形成各企業訂定價值主張的指引或衡量。

後續，許多學者對企業價值主張的研究仍圍繞於上述四位學者所定義的內涵進行更深入的討論。然而，對於企業如何能夠知曉消費者是否感知其所倡議的價值主張，以及企業傳遞價值主張予消費者的過程鮮少有詳細的討論。格羅路斯與馮蜜亞（Grönroos & Vomia, 2013）提出了萃取價值的概念，企業所倡議的價值主張須考慮對消費者的承諾，因為消費者會依據企業所提供產品或服務的過程萃取出部分的價值。這也是本書討論消費者感知企業價值重要的文獻之一。既然「價值」對於消費者是如此的重要，接下來我們先來討論「價值」的本質，再回來探討企業價值主張的應用。

1.2 價值的本質與分類

在眾多學者專研以及討論消費者價值的文獻中，我們認為哥倫比亞大學霍爾布魯克教授（Holbrook, 1996）發表「消費者價值——價值框架的研討與分析」，提供了精闢的論述，非常具有代表性。即便至今，仍然適用。

霍爾布魯克教授（Holbrook, 1996）分別使用四個簡單的形容詞及名詞，即對消費者價值的本質做了完美的詮釋。他認為，消費者價值的本質是互動的（Interactive）、相對的（Relativistic）、偏好（Preference）與體驗（Experience）。

所謂「互動的」，係指消費者、產品與服務間的互動。也就是說，若企業所提出的產品或服務無法讓消費者接受，其價值就無法突顯出來；其次，「相對的」是一個相對比較性的價值概念。各消費族群在不同的情境中，對各式產品或服務的實用性進行效益評估。這樣的論點與「服務主導邏輯」中所談論的「情境價值」非常類似（Vargo & Lusch, 2004）。舉例來說，當不同的消費族群在選擇七人座休旅車或五人座轎車的產品時，會根據自己的需求與實用性進行評估。若是以大家庭出遊的背景情境，七人座休旅車的價值就會被突顯出來。消費者價值本質的第三項是「偏好」，指的是消費者對於產品或服務之實用性所進行的個人價值偏好評價，進而形成正向或負向的價值反應；最後，則是「體驗價值」。該價值的產生並非存於購買時的價值交換（Value-in-Exchange），而是源自於體驗時所形成的價值。這樣的價值體現與「服務主導邏輯」的使用價值（Value-in-Use）有類似的概念，反映出消費者在體驗商品或服務的互動過程，同時觸發個人偏好形成，進而產生價值。

霍爾布魯克教授（Holbrook, 1996）進一步針對消費者的體認價值，區分爲外顯（Extrinsic）、內隱（Intrinsic）；利己（Self-oriented）、利他（Other-oriented）；及主動（Active）、回應（Reactive）等三類二元的價值屬性：

1. 外顯及內隱價值

外顯價值與消費者選擇產品與服務之方法與目的有關。換言之，產品或服務可有效地解決消費者的問題以達目的性消費的價值，如所謂的功能性或實用性的需求；而內隱價值牽涉消費者在體驗或了解外顯性的價值之後，油然而生的內在價值感受，如感覺快樂或對自己的決定感覺很棒等。

2. 利己及利他價值

利己價值是外顯價值的延伸。消費者對於產品與服務的選擇，均會以自身利益爲主要的考量，也就是功利主義；而利他價值著重於其它主體，如朋友、家人、同事或其它人對商家所提供產品或服務的看法。

3. 主動及回應價值

消費者基於外顯與利己的因素，通過自身（可能包括生理與心理感受），對商家提供的產品或服務，其所歷經的體驗活動。例如，一個家庭有 6 位成員對於所購買的 SUV 汽車感到非常的滿意而形成的價值感受；相對地，消費者於體驗產品與服務之後，對該體驗活動的結果所做出的價值回應，如參與車商所提供的試駕活動。我們可以簡單地應用「刺激（Stimulus）—反應（Response）」的理論架構來解釋消費者主動與回應的價值。

透過上述三類的價值屬性分類，霍爾布魯克教授（Holbrook, 1996）進一步構型了八種不同的價值類型框架（圖 1-1）。接下來，本書以利己與利他這兩個屬性，依序通過簡單的案例來說明其與「外顯、內隱」及「主動、回應」價值的關聯性，以期幫助讀者快速了解圖 1-1 中各個消費者價值的意涵。

1. 利己屬性

當消費者要購買一支手機時，他會主動的對潛在可能要購買的手機品牌、規格、價格及購買途徑等進行研究。在搜尋的過程中，消費者犧牲了自己的人力與時間代價，其目的就是要換取自身最大的利益。也就是說，消費者希望能以最經濟的途徑或是較低的機會成本，購買自己想要買的手機。因此，外顯價值除了展現購買的效率與便利性外，同時也反映出所謂功利性（Utilitarian）的外顯價值。另外，消費者在體驗所購買的手機之後，對該手機的功能、品質或服務等等，或許會主動進行使用經驗的回饋。

而內隱價值基本上是隱晦地埋藏於消費者的心裡。消費者對於主動犧牲奉獻自己的時間來搜尋自己未來所要用的手機，其內心可能會視爲這是一個必要的過程，但相對地它也是一個「負擔」。因此，當消費者預期她（他）會對其所要購買的手機感到滿意，那麼這個所謂「負擔」在她（他）內心中很有可能會是的一種「甜蜜的負擔」。而這個所謂的「甜蜜」就如前述所說的，消費者在這個搜尋的過程中隱晦地產生體驗回應所反映出的價值感受。

<table>
<tr><th colspan="2">顧客價值的層面
The Dimensions of Customer Value</th><th>外顯
Extrinsic</th><th>內隱
Intrinsic</th></tr>
<tr><td rowspan="2">自我導向
Self-oriented</td><td>主動
Active</td><td>效率（Efficiency）－
以時間為單位，輸入／輸出的結果就是便利性的表現</td><td>娛樂（Play）－
自我實現於享樂之意</td></tr>
<tr><td>回應
Reactive</td><td>卓越（Excellence）－
品質、滿意度及績效的表徵</td><td>美學（Aesthetics）－
實現自我美麗的意念</td></tr>
<tr><td rowspan="2">利他導向
Other-oriented</td><td>主動
Active</td><td>社會地位（Status）－
成功、管理及衆人印象之意，以強化人際間的關係</td><td>倫理觀（Ethics）－
品德、道德、公正的展現，以幫助或愉悅他人</td></tr>
<tr><td>回應
Reactive</td><td>敬重（Esteem）－
聲望、擁有、唯物主義之意，以強化地位及表現自我</td><td>靈性（Spirituality）－
信任（心）、興高采烈的、神聖值得崇敬的等心靈層面的表現</td></tr>
</table>

圖1-1　顧客價值的類型

資料來源：Holbrook, M.B. (1996). Customer value - A framework for analysis and research. Advances in Customer Research, 23, 138-141. P-139.

2. 利他屬性

我們再用手機的例子來說明。美國蘋果公司所發表的 iPhone 手機及其周邊商品，深受全球果粉的喜愛。當然，蘋果每年發表新手機時，除一般的規格外，也都會發表頂級的規格及價格以提供高端消費的需求。對於自願購買這些頂規 iPhone 手機的消費族群，其某種程度是要獲取他人對此消費行為在地位或形象上外顯價值的認同。這些消費族群在追求外顯價值被他人稱讚的同時，他們也在追求內在的道德規範及合法的價值。這意味著，不可在追求物質主義的同時，違反了社會所共同建立的道德規範與法律。白話的說法，不要購買假貨或用其它不正當的途徑，來墊高他人對你（妳）所認定的社會地位及尊敬，更曲解我們對價值觀的認知。

霍爾布魯克教授（Holbrook, 1996）已將消費者所認知的價值剖析的相當清楚。當企業對於消費者所倡議的價值主張附加於產品與服務的層面，也都是運用這些價值的意涵。下面的章節，我們再探討企業如何透過價值主張的操作，讓消費者在情境中可感受到產品與服務的價值。

1.3 企業對價值主張的操作

大多數的企業在設定價值主張時，會將企業內部的資源運用至極大化，致使消費者對企業所承諾的價值得以實現。澳洲學者霍爾蒂寧（Holttinen, 2014）教授提出，企業的價值主張應以情境為主，透過企業內部的資源整合，讓消費者可藉由四種不同層次的價值體驗，進而感受到企業對價值的承諾。

這四種不同層次的價值感受，從最高等級依序排列為：訊號（Sign）、體驗（Experience）、資源（Resources）及交換（Exchange）等價值。這些價值的感受蘊含者霍爾布魯克（Holbrook）教授所提出價值本質與分類的意涵。

1. 訊號價值

訊號價值列為最高等級的主要原因為，消費者無須透過體驗及購買的過程，就能了解到企業對消費者所試圖傳達的價值能力與承諾。訊號價值意喻：消費者只看到企業所傳達出來的意義或意涵，就能潛意識地詮釋該價值的獨特性。這裡所提到的意義價值可以是企業品牌、形象、標誌，或廣告宣傳等。

以本書提供的個案為例，福斯汽車提供台灣消費者的訊號價值：「德國科技、進口汽車、安全可靠及可負擔的購車價格」。某種程度而言，福斯汽車所設定的目標消費族群以然鎖定了對德國科技具認同感的潛在消費者。若提到賓士、寶馬汽車，其訊號價值或可認知為「豪華或具有身分地位」的象徵。

2. 體驗價值

體驗價值源自於訊號價值的擴展及延伸。換句話說，消費者在購買產品物件前，會根據過去的知識、經驗，或其本身具備的技能爲指標，將其轉化成更具體的體驗價值。相對地，若消費者並無相關的知識、技能或經驗，則須透過其自身的感受或認知，將較爲抽象的訊號價值，轉化成其較爲信服的或主觀解讀的體驗價值。這樣的體驗價值與霍爾布魯克（Holbrook, 1996）教授提出的相對及偏好價值非常的類似，也就是產品與服務間的相對比較及個人偏好的價值。

我們再福斯汽車爲例。車主目前擁有 Golf 車型，打算要更換較大的 SUV 車型。根據消費者過去的使用經驗（假設並無其它不好的經驗發生，或其它特別的外在誘因），該車主會根據過去的體驗指標，將該品牌的 SUV 車型列爲優先考慮購買的對象之一。然而，若是其它品牌的消費者（車主），想要轉換成爲福斯或是其它品牌的車輛，必會透過不同的管道，儘可能的去了解福斯或其它品牌汽車車主的意見、網路評價、官網資訊或相關媒體報導與廣宣等。消費者會將這些資訊消化吸收成爲自己主觀的體驗價值。

最後，這裡所談的體驗價值並不涵蓋購買前的試用、試吃、試穿，或是購車前的試駕等活動。這些活動的範疇應屬下列我們所要進一步討論的「資源價值」。

3. 資源價值

瓦爾格與盧施（Vargo & Lusch, 2004; 2008）倡議的「服務主導邏輯」強調，企業最有價值的資源是「操作性」資源，如員工的能力、企業文化、智慧財產、技術專利，以及銷售通路展場或賣場的服務流程等等，均屬企業的無形資產。這些資產都是企業提供消費者可使用的資源。例如，隨著汽車工業技術與新科技不斷的被開發出來。像是這些新科技是如何地提升駕車的樂趣，或是一些具有輔助安全駕駛與保護乘客安全的配備等創新技術。然而，對於這些最新的科技配備而言，許多有興趣購買新車的消費者缺乏這類的專業知識，於是品牌汽車商會透過不同的管道，將這些所謂的汽車新科技通過「商業化或廣告化的操作」分享於官網或廣宣媒體等，以方便這些潛在的消費族群更能夠蒐集、整合這些汽車新科技資訊或知識。不僅如此，車商也或許會無償地提供試駕服務，讓消費者實際體驗，以產生並驗證其想要購買車輛的價值。

這些購車的服務流程，如簡介汽車配置、體驗汽車性能、提供購車、保養、保固等優惠方案，都是企業自願且無償的提供潛在車主進行資源整合的重要訊息與手段，讓車主們擁有吸收新知識及解讀的能力，以決定是否願意接納企業所提出的價值主張。

4. 交換價值

交換價值通常被視為較低階的價值感受。交換價值的產生乃來自於商品或服務在交易之後，經由消費者實際使用或體驗後的使用價值。交換價值可以說是一種傳統以商品為主體的行銷價值概念。企業對消費者所倡議的價值承諾，若是在商品交易後才逐漸的彰顯出來，對企業而言，某種程度是無法充分顯現其價值主張的策略性與重要性；相對地，消費者也可能要承擔所謂「不如預期好用」或「價值不匹配」等風險，即對於其所挑選商品或服務的適用性具有潛在無法認同的風險。

企業對消費者所倡議的價值承諾，對消費者而言，應具有上述四種不同的價值感受。多數的企業對消費者所提出的產品或服務，都希望購買的決策在訊號及體驗的層次中完成，僅少部分的商品或服務須透過資源的層次來展現。

我們以本書所提供的好市多（Costco）個案為例。好市多這家跨國零售企業對全球會員提出的價值主張為：「持續提供會員以相對最低的價格，取得最高品質的商品與服務。」這樣的訊號價值對於台灣好市多的會員而言，已形成高度的訊號價值共鳴。也就是說，絕大多數的會員願意每年繳交超過一千元的年費給好市多，以換取該企業對會員的價值承諾。美國另一家跨國零售業沃爾瑪（Wal-Mart）提出「省錢、生活更美好」（Save Money, Live Better）的訊號價值，其價值對消費者的意涵及其操作模式與好市多類似。

1.4 價值主張的類型

企業對消費者所倡議的價值主張雖然具有四種不同的感受層次，然而蒂莫．倫特邁基等芬蘭學者（Rintamäki, Kuusela & MitroneHon, 2007）將價值主張的內涵劃分爲四種不同階層的價值層面，依序爲經濟型（Economic）、功能型（Functional）、情緒型（Emotional）及象徵型（Symbolic）。這些階層的價值層面，看似相互獨立，但其層面可從客觀到較爲主觀、從具體到較爲浪漫、從實用到較爲心靈、從交易到較爲互動等交互影響。

1. 經濟型

價格對大部分的消費族群是最爲敏感的議題。一般所謂「經濟型」的消費者比較不願意通過犧牲自己的直接利益（較高的成本）來換取質量較高的產品或服務；但他們卻可能會犧牲自己的時間或精力來換取所謂「最優惠」的產品或服務。當企業面對這類型的消費族群，其所提出的價值主張必須是具體且客觀的。

多數的行銷學者認爲：消費者會根據商品或服務的客觀價值，並衡量現貨市場其它可取得的競爭性替代商品，進行必要的「購買性調整」。換言之，消費者會以最經濟的價格來換取或是追求性價比較高的商品或服務。

企業若要倡議經濟型的價值主張，通常需要一定的經濟規模及擁有資源整合的能力與能耐。以量販賣場爲例（如家樂福或美式賣場），這些賣場的競爭力除了具有強大的採購能力外，還具有完善及有效的通路系統建置、供應商網絡的支持、賣場獨特的消費動線及服務流程設計等。企業透過這些資源整合的能力，幫助消費者不必犧牲自己的利益（金錢、時間或精力），即可購買到高性價比的商品。這些商品在服務流程的展示架上，都標示有清楚的單價及最小的單位價格，無非就是希望消費者能夠買到最划算的商品，而非最低價的商品。更甚者，某些商品在消費動線的展示中還會強調「買貴退差價」的承諾。這些承諾都是企業提供消費者經濟型價值主張的體現。

又例如，英國 Premier Inn 旅館對消費者所倡議的價值承諾爲：「經濟的房價，高品質的住宿」（Everything is Premier but the Price）。該價值主張提供了一個清楚及標準品質的價值承諾。意喻著，該飯店雖提供相對低廉的房價，但提供了一定品質、乾淨、舒適的客房設施。除此之外，該飯店還強調「保證一夜好眠政策」（A Good Night's Sleep Guaranteed），就可看出該旅館強調所謂「高品質（Premier）」的貼心之處。

2. 功能型

功能型與經濟型價值主張之最大差異，消費者對於功能型價值的主要動機在於：除了商品的功能要能夠滿足消費者的需求之外，也要能快速及便利的完成購買的程序。其中，價格可能不是最主要的考量因素。多數學者認爲，企業要提倡功能型的價值承諾，除了商品或服務要能滿足特定消費族群的需求之外，便利性的購物流程更是驅動消費者選擇特定供應商的關鍵因素。所謂便利性的購物流程係指，在實體通路，企業要能夠提供消費者具有高效率的購買程序或流程；在虛擬通路，企業則要能夠提供最便捷的人機介面操作步驟及流暢程度。這些舉措就要幫助消費者解決購物繁瑣的流程與時間，提高購物的便利性及消費體驗。

在 21 世紀資訊科技發達的今日，虛擬通路提供消費者更多的商品選擇機會。譬如說，預訂旅館房間就搜尋 Booking.com、Trivago 或 Agoda 等；購買書籍就會前往博客來、Amazon 等；購買消費性商品就會選擇 momo 或 PChome 等；叫外賣其潛意識會選擇 Uber Eats 或 foodpanda 等外送平台。這些案例都是服務型企業提供消費者，盡可能用最少的生理（精力）、心理及時間，購買到最合適產品或服務的功能。

實體通路企業面臨虛擬通路的競爭，也都陸續開發屬於自己特色的電子商城，目的就要提升消費者整體購物流程的便利性，以滿足消費者快速購物、快速到貨的需求。除此之外，實體通路企業更加強化其物流能力與市場的涵蓋率。例如，台灣便利商店的覆蓋率及市場滲透率均爲世界第一。其主要的價值倡議，就是要提供消費者日常經濟活動便利性的交易場所，而非價格的優勢。據此，便利商店可以說是功能型價值主張的最佳典範案例。

另外，實體通路業者面臨虛擬通路的競爭，可以透過倡議整合性的價值承諾來提升自己競爭力。例如，量販賣場所提供消費者的價值體驗，基本上融合了功能性與經濟性的價值主張。以本書所提供的案例來看，好市多的價值主張，除提供會員最好的商品及便利的購物環境外，同時也提供會員更多的利益價值。

3. 情緒型

情緒型的價值主張爲消費者在購物的過程中，其心理層面的感受與情感狀態會受到企業在服務環境中所刻意設定的刺激物所喚醒。這些刺激物來自於環境中所釋放出的感知訊息或通過與服務人員的互動所產生。企業通常會依據其營運模式，透過適當環境氣氛的設計，讓顧客在消費的過程中感受到企業所試圖傳遞的價值訴求，或通過「喚醒」消費者心理意識來提升購物體驗。

爲有效喚醒消費者在服務環境中情緒型的價值體驗，服務環境可提供他們在購物的過程中沉浸於視覺、聽覺、嗅覺、味覺及觸覺等不同的感官體驗。這些感知價值（Perceived Values）的產生，是消費者在服務環境中透過不同的「感官系統」所感知到的價值訊息，使其「情緒狀態」（Emotional States）形成有意識或無意識的「生理愉悅」及「心理喚醒」的交互作用，進而產生正向（或負向）的消費行爲或傾向。有關「情緒狀態」的互動與細節，請參閱本書第二篇（第七章）的解釋及說明。

有越來越多的企業開始重視顧客經驗管理（Customer Experience Management），針對其經營模式進行服務場域必要的調整與建置。學者卡本與海克爾（Carbone & Haeckel, 1994）認爲，若服務型企業要在服務場域中創造出具有情緒型的價值體驗，除了需要從事基本的創新性之外，還要有嚴謹的策略架構，讓消費者的情緒體驗在可管理及可持續的系統中被喚醒。其中，喚醒的「要素」爲消費者在服務場域中，可感受企業所要傳遞價值的線索；這些線索是促成管理消費體驗的核心元素。

以買書爲例，消費者若有快速購書的需求，多數會選擇虛擬通路購書（功能型價值），而不會選擇前往實體書店。像是誠品或蔦屋這樣的實體書店，它們提供消費者另一種不同的購書情境，即因應其價值倡議所設計的購書環境。誠品或蔦屋的設計試圖傳達出獨特的閱讀文化及書香氣息的價值氛圍，讓來這裡看書或購書是一種文青、輕鬆，或喚起人文體驗的獨特情緒感受。這樣的感受體驗是網路書店所無法提供及比擬的。然而，在現今資訊化的社會，因應消費需求及價值多元就更須朝多價值的取向發展。誠品的實體購物環境雖具有濃厚的文化底蘊，但隨科技及消費型態的改變，該書店不得不跨入「誠品線上」網路書店的經營，希望能留住既有的客源，亦開拓更多符合功能型與經濟型的消費者。

情緒型價值主張是眾多主張中的一個選項。多數企業為迎合多元的消費型態，已將經濟與功能型融入於情緒型之中。我們以本書訪談的宜家家居（IKEA）個案為例，該個案以感性的「為大多數人創造更美好的生活」價值訴求，透過家具布置於各種不同居家情境的展示間。這樣的情境展示空間，可有效的喚醒多數消費者內心的情緒狀態，進而促進消費者對於家具設計所帶來的價值共鳴。

4. 象徵型

象徵型是一種價值鑲嵌於消費者自我表達、社會普遍認同並詮釋其意義的價值表徵。霍爾蒂寧（Holttinen, 2014）教授認為：象徵型的價值倡議企業需要通過消費者對商品物件與其周邊之情境與互動而做出的認知性解讀。所謂「象徵」需要促進某種特殊的社交實體與意義。當接收者收到這類的訊息時，必須有自我解讀的能力。也就是說，象徵型價值的建立是來自於消費者心理層面認同的結果，而非全然來自於商品本身。

以耐吉（Nike）運動鞋為例，該品牌的價值不僅強調高功能的運動鞋，同時藉由各領域著名的運動明星代言，並透過媒體廣宣的方式傳達出「Just Do It」的「象徵型」價值。這樣的價值訴求，不只傳遞出大家只要穿上 Nike 的運動鞋，你們也可以與些運動明星一樣的美夢成眞；更也成功地與其它競爭者區別了不同的品牌價值。另外，我們再以本書「中華航空」個案為例，該航空早期所提供給消費者的服務並不是運輸價值，而是提供「相逢自是有緣、華航以客為尊」（We Treasure Each Encounter）的「象徵型」情感價值。藉由傳遞「中華民族的好客之道」，讓不同國籍的旅客只要搭乘華航，雖然你我素昧平生，但華航珍惜每次的相聚（搭機）。無論耐吉或是華航的價值主張，這些主張的背後都蘊含著豐富的意涵及不同的文化情境。但重要的是，它們的價值主張須獲得消費族群及社會大眾普遍的共鳴感。

最後，即便是象徵型的價值主張，也無法僅提供單一類型的價值給消費者。上述兩個案例，一定程度都包含了其它三種類型的價值組合元素。因爲企業無論對消費者倡議哪種產品或服務，都要能獲取消費者的價值認同，公司才能獲利，更也是企業維繫永續發展的重要基石。

課後討論

1. 企業提出價值主張的目的爲？
2. 請敘述企業價值主張的陳述，應包含哪些關鍵的特質？
3. 根據霍爾布魯克所提出的價值分類表，請以汽車或手機分別闡述利己及利他所形成的外顯（內隱）、主動及回應間的關係。
4. 消費者對企業所倡議的價值主張具有四種不同層次的價值感受，試請論述「Mont Blanc 的鋼珠筆或手錶」屬價值感受的哪個層次及原因？請自行提出一個產品或服務，並說明該項目屬於哪個層次的價值感受。
5. 根據企業所倡議的價值主張，試圖論述出該主張屬於哪些類別。

參考文獻與資料

1. Anderson, J., Narus, J.A., &Van Rossum, W. (2006). Customer value propositions in business markets. Harvard Business review, 84(3), 91-99.
2. Carbone, L.P., & Haeckel, S.H. (1994). Engineering customer experience. Marketing Management, Vol 3, No 3, 8-19.
3. Grönroos, C., & Vomia, P. (2013). Critical service logic: Making sense of value creation and co-

creation. Journal of the Academy of Marketing Science. 41(2), 5-22.

4. Holbrook, M.B. (1996). Customer value: A framework for analysis and research. Advances in Consumer Research, 23, 138-141.
5. Holttinen, H. (2014). Contextualizing value propositions: Examining how customers experience value propositions in their practices. Australian Marketing Journal, 22(2), 103-110.
6. Lanning, M. J., & Michaels, E. G. (1988). A business is a value delivery system. McKinsey staff paper, 41(July).
7. Osterwalder, A. (2004). The business model ontology: a proposition in a design science approach. Ph.D. Thesis, University of Lausanne, Switzerland.
8. Rintamäki, T., Kuusela, H., & MitroneHon L. (2007). Identifying competitive customer value proposition in retailing. Managing Service Quality, 17(6), 632-634.
9. Vargo, S.L., & Lusch, R.F. (2004). Evolving to a new dominant logic for marketing. Journal of Marketing, 68 (January), 1-17.
10. Vargo, S. L., & Lusch, R. F.(2008). Service-dominant logic: continuing the evolution. Journal of the Academy of marketing Science, 36(1), 1-10.

第二章

商業模式與企業策略

★學習目標★

閱讀本章後，您應該可以了解與掌握

- 價值主張在商業模式中所扮演的角色
- 價值主張、企業願景與策略規劃的關聯性
- 企業策略的產業定位、核心能耐與資源基礎觀點
- 企業策略是如何引導商業模式的發展
- 商業模式創新與動態發展的概念

第一章我們闡述了企業對特定消費族群所倡議價值的意義與形態。亞歷山大・奧斯瓦爾德（Osterwalder, 2017）在《價值主張年代》（Value Proposition Design）將價值主張鑲崁於「商業模式藍圖」（Business Model Canvas）中，並視爲企業發展商業模式不可或缺的第一項要素，更也是企業對外正式發布及強調與競爭者差異的重要陳述。除了強調競爭與獲利，商業模式可以說是驅使企業「如何」達成創造、獲取及傳遞價值給消費者之具體成效的策略機制。

奧斯瓦爾德（Osterwalder, 2017）所描繪的商業模式藍圖，共區分三種組合（圖 2-1），計有：價值主張、營收結構與成本結構。

第一部分爲價值主張。如同本書在第一章所討論的內容，價值主張即爲企業倡議與想要傳達予客戶的價值倡議。價值主張在商業模式圖中扮演了最核心及驅動價值最重要的動力。第二類的組合爲營收結構，包含了目標客戶、通路、顧客關係與收益流。前面提到，企業提供的產品或服務必須針對目標客群在適當的場域進行銷售，當消費族群對企業所倡議的價值產生共鳴時，企業才能從價值中獲取收益。第三大類爲成本結構，該結構主要是談論企業如何藉由內部資源的整合，如關鍵資源和活動，並透過與外部合作夥伴所建立的資源組合，致使形成企業獨特的競爭優勢。這樣的優勢在商業模式的運作中需要資金的投入，始能將企業對目標客群所倡議的價值傳遞出去。

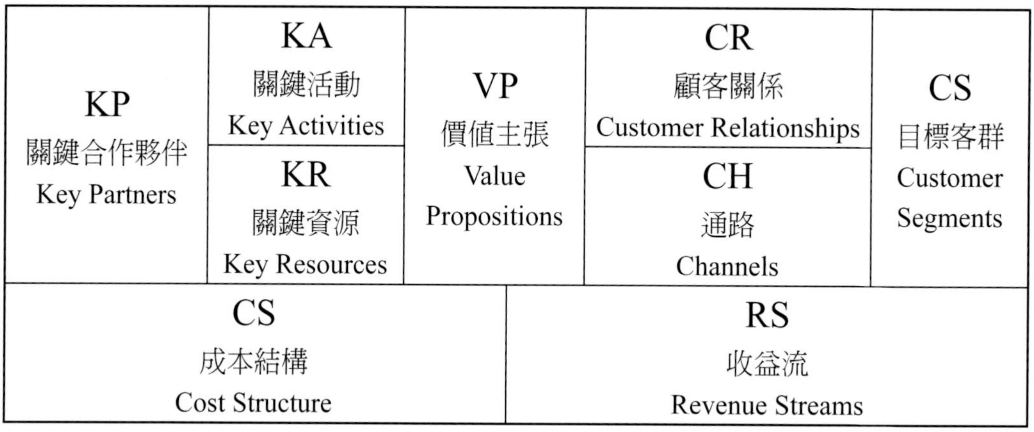

<table>
<tr><td rowspan="2">KP
關鍵合作夥伴
Key Partners</td><td>KA
關鍵活動
Key Activities</td><td rowspan="2">VP
價值主張
Value
Propositions</td><td>CR
顧客關係
Customer Relationships</td><td rowspan="2">CS
目標客群
Customer
Segments</td></tr>
<tr><td>KR
關鍵資源
Key Resources</td><td>CH
通路
Channels</td></tr>
<tr><td colspan="2">CS
成本結構
Cost Structure</td><td colspan="3">RS
收益流
Revenue Streams</td></tr>
</table>

圖2-1　商業模式藍圖（Business Models Canvas）

資料來源：Osterwalder, et al., (2017). 價值主張年代：設計思考x顧客不可或缺的需求=成功商業模式的獲利核心（季晶晶譯；第一版），天下財經。P-XXI.

接下來，我們將討論幾項重要的企業策略觀點。企業唯有選擇正確的策略模式，才能形塑出絕對的市場競爭優勢及價值主張對消費族群的影響力。

2.1 策略與競爭優勢

競爭優勢（Competitive Advantage）是企業策略領域最重要的核心概念。策略的目的即是使得企業能夠獲得競爭優勢，創造比競爭者更高的經濟價值（Barney, 2016）。企業的競爭優勢，可能來自於企業在所處產業環境中所擁有優勢定位（Porter, 1980; 1985），也可能透過資源配置發展有別競爭者的獨特資源，並發展與累積優勢資源及能力，形成長期性的競爭優勢（Barney, 1991；Wernerfelt, 1984）。然而，面對外部環境快速變動，市場競爭激烈，企業的競爭優勢不會是永遠存在，核心能力會因應外在環境變化的衝擊而有所改變，內外部資源也會回應競爭對手所採取的行動而有所調整。

2.1.1 產業定位觀點

「競爭策略」及「競爭優勢」是麥可．波特（Porter, 1980; 1985）分別於1980年及1985年提出重要的策略理論。1980年代，產業分析觀點被受重視，強調企業的競爭優勢應著重在產業外部結構與市場定位之分析，其中以波特（Porter, 1980; 1985）所提出的五力分析模型備受推崇（圖2-2）。五力分析建構在產業結構經濟的「結構—行動—績效」（Structure-Conduct-Performance, S-C-P）模型之上（Bain, 1959），整合產業結構分析，競爭者分析和產業定位等領域，提出企業在所處的產業環境中，會受到現有競爭者、潛在進入者、替代品、客戶議價、供應商議價等五個競爭作用力而影響。企業藉以分析每個競爭力，了解外在產業環境的變化，以及因為這些變化可能帶來的機會與威脅，以預測該產業的競爭強度與獲利潛力，進而歸納研擬發展策略。

企業透過產業五個競爭力分析的機會，使企業在產業內掌控絕對的市場占有率，大幅降低其它競爭程度的威脅，進而增加企業提高獲利的能力。產業分析觀點主要探討企業與產業環境之間的關係及在市場中所具有的定位，對產業結構影響企業行爲與績效是一個由外而內觀點（Spanos & Lioukas, 2001）。因此，以產業分析架構所決定的策略會受產業環境與特性而影響（Grant, 1991; 1996）。以大型企業爲例，大型的企業在產業內的競爭態勢朝向趨近於寡占的經營型態發展，像是大部分的電子高科技或精密技術的企業，可以透過價值供應鏈的整合及研發能力的技術提升，使該企業在產業內形成獨特的競爭優勢。若以眾多的小型服務型企業爲例，在既有的地理市場範圍之內，小型服務業者可以強調產品或服務的差異化來吸引顧客，以維繫其在該市場範圍的獨占利益。

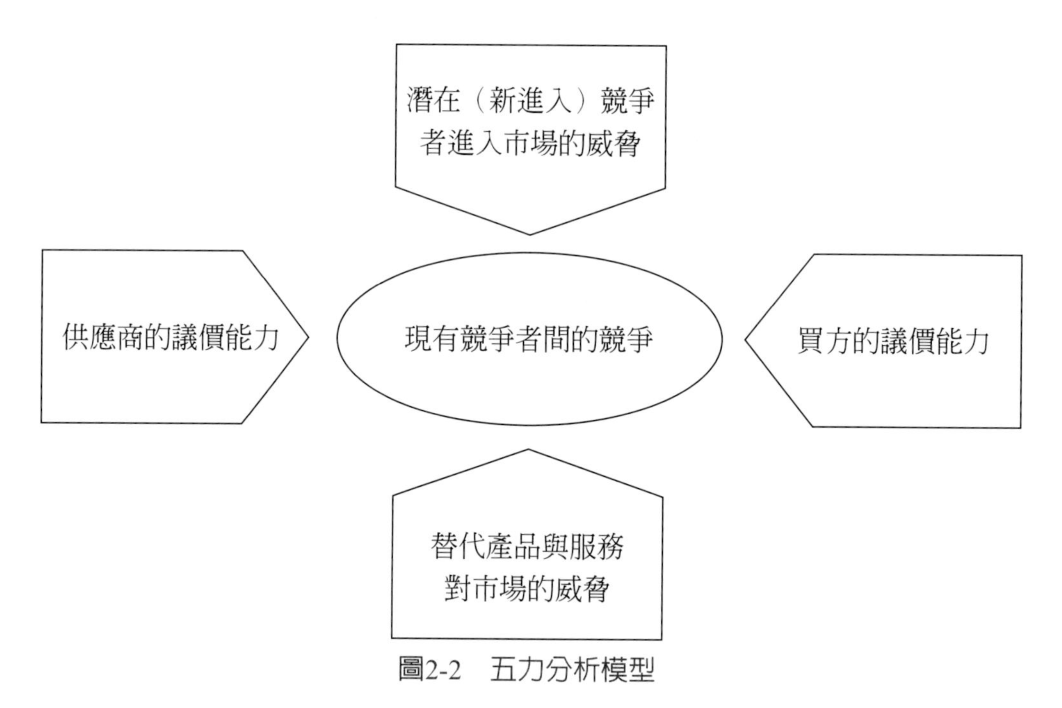

圖2-2　五力分析模型

資料來源：Porter, M.E. (1979). How Competitive forces shape strategy. Harvard Business Review, March-April, 1979.

除了五力分析競爭策略外，波特根據五力分析架構的精神，發展出企業在產業內維持「競爭優勢」的定位策略。波特（Porter, 1980; 1985）認爲，企業根據產業的競爭態勢，具有三種不同的策略思維，立足市場定位，藉以提高企業的獲利能力及競爭優勢。

- 成本領導策略（Cost Leadership）：並非單純的壓低售價。而是企業透過與上下游供應商的議價能力及擴大量產的經濟規模，達到地理群聚的生態系統。以優於產業界的成本優勢，獲取產業絕對的市占率、競爭力及獲利能力。
- 產品差異化策略（Product Differentiation）：針對現有的產品或服務提供消費者與衆不同的價值差異，以獲取不同消費族群的價值認同。差異化策略依賴於企業對於市場的敏感度及組織回應市場的營運效率，以提高新廠商進入市場的門檻，同時降低競爭的威脅。
- 焦點化策略（Focused）：強調企業在利基市場所提出的產品或服務具有絕對的主導地位。使競爭者短期內有無法超越的技術障礙，以降低替代品及服務的威脅。

然而，波特的競爭策略著重於企業在產業內以強化「外部」環境的競爭機會，進而降低競爭者的威脅，透過五力分析架構在商業模式的成本結構，應歸屬「關鍵合作夥伴」的必要投入。波特的競爭策略目前對於某些大型的企業，如高科技、電子等產業，仍具有一定程度的效用。面對競爭環境的多元變化，單一策略並不能滿足企業制定商業模式的基礎，還須搭配及透過內部資源的整合協調，盤點出企業「內部」的「核心能耐」（Core Competence），才能顯示出企業的競爭優勢。

2.1.2 核心能耐觀點

核心能耐是企業持續競爭優勢的基礎，企業必須整合及運用內部獨特的優勢資源及能力，使之超越競爭對手，以維持與創造長期競爭優勢（Prahalad & Hamel, 1990；Bogner & Thomas, 1992；Hamel & Prahalad, 1994）。因此，面對企業內部資源多樣化，企業更應該正確發展具有策略性價值的核心資源。

普哈拉德和哈墨（Prahalad and Hamel, 1990）爲首先提出核心能力的學者，認爲企業的核心能力是組織整體透過不斷學習、協調整合各種生產技能（Production Skills）及科技技術（Technology Streams）的能力，也包含組織運作及價值傳遞的能力。企業眞正的優勢在於管理階層能夠明確發展企業的核心能力，整合企業內部技術與技能，讓個別事業單位快速反應環境變化及截取新市場機會。因此，企業必須著重在能耐的組合（圖 2-3）。

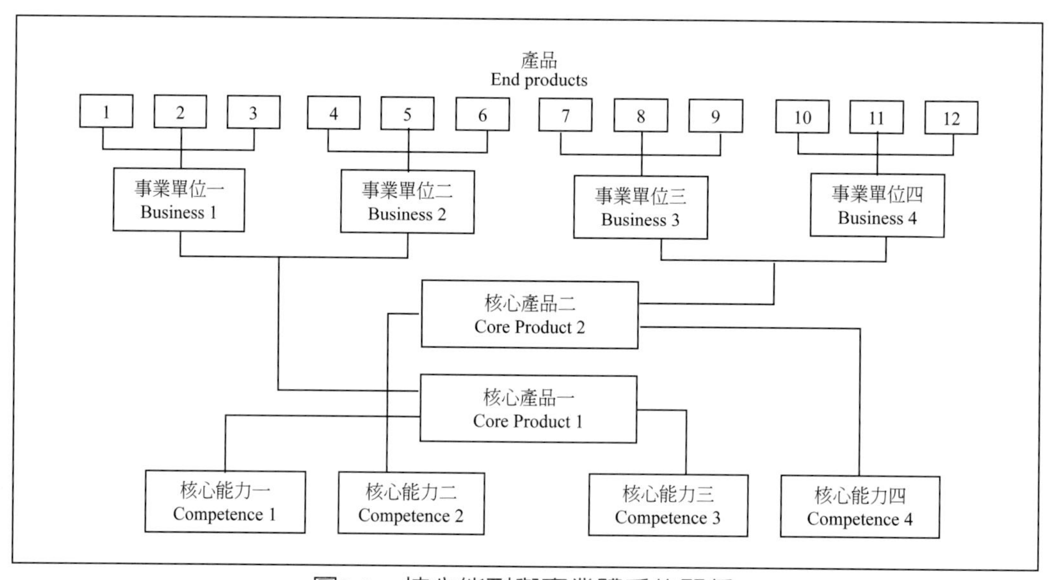

圖2-3 核心能耐與事業體系的關係

資料來源：Prahalad, C. K. & Hamel, G. (1990). The core competence of the corporation. Harvard Business Review, May-June, 1990.

研究核心能耐的學者對於核心能耐的定義有著類似但卻不同的看法。李奧納多—巴頓（Leonard-Barton 1992）認爲核心能力具有單一性、獨特性及不易模仿性，優於競爭者之資源運用與技能。哈墨和普哈拉德（1994）也指出核心能力是組織內部多種技術的整合，具有創造競爭差異化、顧客價值及進入新市場的能力等特性。坦波（Tampoe, 1994）認爲核心能力隱藏於公司的生產與管理程序之中，能整合公司內部分散的技術或資源，以提供具有獨特競爭優勢的產品或服務。馬基茲和威廉森（Markids & Williamson, 1994）將核心能力視爲經驗、知識及系統的組合，促進企業整合及累積策略性資源，減少產生新的策略性資產或是降低擴張現有資產所需時間及成本。總而言之，企業核心能耐乃是建構於企業的核心資源基礎之上，並輔以獨特的經驗和學習方式，整合知識與技術，方能獲取組織的核心能耐，進而在激烈的競爭環境中獲得持久性競爭優勢。

2.1.3 資源基礎觀點

傑恩．邦尼（Barney, 1991; 1996）提出資源基礎觀點（Resources-Based View, RBV）的競爭優勢策略理論。有別於產業結構和市場定位爲基礎的觀點，RBV 著重於企業掌控內部資源和能力，作爲競爭優勢來源的一種策略發展與績效評估模型。RBV 認爲企業績效之所以不同，是因爲企業擁有獨特的資源與能力，所以造就在創造競爭優勢上的差異性。換言之，企業必須藉由資源基礎的發展才能在產業內取得相對的競爭優勢。

RBV 最早可追溯至大衛．李嘉圖的經濟理論研究（Ricardo, 1817）。以李嘉圖經濟租爲基礎，彭羅斯（Penrose, 1959）則視企業資源爲影響企業發展競爭模式之重要基礎。他認爲企業意圖獲取利潤及成長，不僅在企業外部要有良好的機會以及其內部必須擁有優越的資源，企業之更需要具備能夠充分與有效地運用其優勢資源之能力。維納費爾特（Wernerfelt, 1984）於 1984 年首先以資源基礎觀點命名並提出 RBV 學說，強調企業是有形與無形資源的獨特組合，企業策略發展的思維應以創造與利用資源的優勢爲出發點。邦尼（Barney, 1991; 1996）進一步強調，企業可藉由獨特性的優勢資源及能力之發展與累積，形成長期性的競爭優勢。

根據資源基礎觀點，企業績效是其資源和能力的整合（Barney & Hesterly, 2016）。資源是企業可掌控的有形及無形資產，如產品爲有形資產、管理團隊、企業文化爲無形資產；能力則是企業資源的子集合，是在各種資源相互影響及長期累積所得結果，促使企業運用其資源來達成營運與策略目標，如研發能力、行銷能力和生產能力等。企業資源及能力又可分爲四大項：財務資源（Financial

Resources）、有形資源（Physical Resources）、人力資源（Human Resources）以及組織資源（Organizational Resources）。財務資源即是企業執行策略的各種資金相關的資源；有形資源是企業所使用的實體科技或資產，如專利、廠房和設備等；人力資源是指企業內部管理者或員工，以及他們所受的訓練、工作經驗、洞察力和人際關係等；組織資源則是組織群體的特質，包含組織結構、控制與協調機制，企業文化、商譽，組織外部的非正式與正式關係等。

RBV 奠基於兩項基本假設，即資源異質性（Resource Heterogeneity）及不可移動性（Resource Immobility），來探討爲何企業資源與能力的運用會創造績效差異性。

- 資源異質性：在同樣產業中，不同企業所掌控的資源是不同的，也代表某些公司可能較有能力執行特定的某些經濟活動。這些異質資源即是創造企業差異化的基礎，也是形成短期競爭優勢的基礎。通常有形資源爲策略發展時之必要性資源，卻易於被模仿；無形資源相較之下不易被模仿，爲策略發展時之關鍵性資源，也是形成資源異質性的基礎。雖單一特性的資源易於模仿，若將資源組合即能創造資源的複雜性及差異性。
- 資源不可移動性：企業資源不可移動的特性乃指企業的獨特資源不易被其它企業「複製」或「取得」。原因是主要受到企業路徑相依性（Path Dependence）、因果模糊性（Causally Ambiguous）、學習曲線（Learning Curve）、政策性障礙（Political Barriers）、社會複雜性（Social Complexity）等因素或現象的影響。這些因素或現象讓競爭者欲要取得相似資源或能力時，需要耗費高額成本及時間來發展，即所謂的競爭劣勢。因此，不可移動性資源及能力是形成企業長期及持續性競爭優勢的基礎。

依據資源異質性與不可移動性，如圖 2-4 邦尼（Barney, 1996）發展 VRIO 分析框架（Value, Rareness, Imperfect Imitation/Non-Substitutable, Organizational Support – 價值性、稀缺性、不完全模仿／不可置換、組織支援）用以分析與辨

識企業資源的優勢特質，以及企業是否能有效運用這些優勢資源。[1] 分述如下：

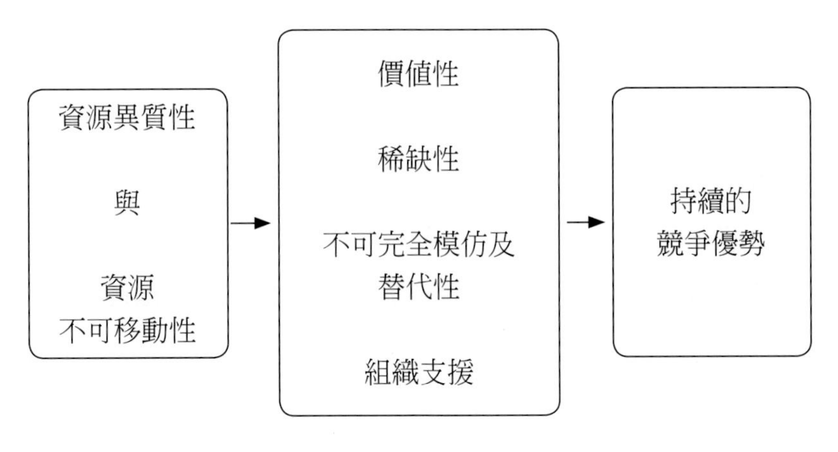

圖2-4　VRIO理論模型

資料來源：Barney, J.B. (1991). Firm resources and sustained competitive advantage, Journal of Management, 17, 99-120. P-112.

- 價值性：源自於資源異質性。企業所擁有資源的價值性，無論是有形性或無形性，除可提升內部運作的效率與效能外，亦關乎其在市場的競爭優勢及持續性。前面提到，波特強調的競爭優勢是吸引外部環境的機會，降低威脅。相對的，資源基礎觀點是企業運用及統籌內部核心能力的優勢，將潛在的劣勢與以抵銷，達到中和化的效果，使企業在市場上擁有持續的競爭優勢。
- 稀缺性：源自於資源異質性。資源可謂稀缺性的前提是它必須是具有價值性的資源。稀缺性資源可引導企業發展高度差異化的策略。若企業最有價值的資源掌握在其它多數的競爭者，導致這些競爭者可執行該企業類似或甚至更好的策略，導致該企業在市場上不在具有相對的競爭優勢。
- 不可完全模仿／不可替代性：源自於資源的不可移動性。企業即便擁有

1　VRIO 分析框架涵蓋 VRIN 分析框架，即涵蓋價值性、稀缺性、不完全模仿和不可置換四項特質。爾後邦尼（Barney, 1996）將不完全模仿和不可置換融合爲 I 的特質，並加入 O，即組織支援的特質，而成爲現今使用的 VRIO 分析框架。

具有價值性與稀缺性的資源，仍不能確保其在產業競爭優勢的「持續性」或是該企業僅能維持較為短期的競爭優勢。在市場上，企業要維持獲利及相對長期的競爭優勢，必然需要能夠抑制或防止競爭對手的模仿與被取代可能性的發生。無論是產品、技術、科技、服務流程、企業在供應鏈的地位，甚至是管理企業的訣竅與知識，等等優勢資源與能力，這些都是企業必須要防止競爭對手的模仿與被取代。

- 組織支援：企業的競爭優勢需要仰賴資源基礎的 VRIN 的特質才能有效發展其關鍵的優勢資源。但是，企業必須要能夠了解並且有能力去開發、組織、運用這些所謂的優勢資源與能力，甚或是基於這些優勢來發展與思考策略的布局。這類的問題與企業的組織性資源的議題有關，包含正式（如組織系統架構）與非正式（組織文化和部門關係）的制度與管理控制系統。雖然組織支援的議題多屬於非主流或輔助價值鏈體系的互補性資源或能耐，但它們的存在是能夠加成或促使優勢資源與能力的發揮，甚至是完全實現其應有的優勢。

依據表 2-1 VRIO 分析的關鍵問題，企業資源發展對組織帶來的優 / 劣勢及其競爭含義，詳如表 2-2 所示，當某項資源具備價值及稀有特性即是符合資源異質性，已能創造短期優勢；而優勢資源若又難以模仿則是具有資源不可移動性，倘若在組織內部能善用這些資源，能為企業開創長期性的競爭優勢。

表2-1 資源基礎VRIO分析的關鍵問題

價值性	資源是否為企業贏得優勢或是減少外在威脅？
稀有性	具有價值性的資源，是否在少數競爭者所擁有？
模仿性	具有價值且稀有的資源，是否會讓競爭者需付出高額成本方能取得或發展？
組織支援	企業組織程序是否已運用或支援開發具有優勢且獨特性資源？

資料來源：Barney, J.B. & Hesterly, W.S. (2016). 策略管理與競爭優勢。（楊景傅編譯，第五版），台北市：華泰文化。

表2-2　VRIO架構與競爭優勢的關係

企業資源或能力						
價值性	稀有性	模仿性	組織支援	組織優劣勢	競爭含義	績效影響
否	—	—	否	劣勢	競爭劣勢	低於正常
是	否	—	↕	優勢	同等競爭	正常狀態
是	是	否		優勢及獨特能力	短暫性競爭優勢	短暫性高於正常
是	是	是	是	優勢及持續性獨特能力	持續性競爭優勢	高於正常

資料來源：Barney, J.B. & Hesterly, W.S. (2016). 策略管理與競爭優勢。（楊景傳編譯，第五版），台北市：華泰文化。

無論是麥可．波特的「競爭策略」和「競爭優勢」，或邦尼提出的「資源基礎觀點」等策略發展的理論觀點，在商業模式設計與建構的關鍵要素，如「關鍵合作夥伴」、「關鍵資源」，及「關鍵活動」等，這些要素在策略理論就如同是企業的關鍵「資源」與「能力」，以及這些資源與能力的協調整合。

協調整合資源與能力在策略理論中經常運用一個獨特的英文單字「Orchestration」來敘述其至關重要的意涵。Orchestration 的原意是指管弦樂編曲（即比喻為企業從事策略規劃）。一首好聽的樂曲需藉由「管弦樂指揮」的能力（即比喻經理人的能力），將舞台上所有不同的樂器（即比喻關鍵資源）透過整合及協調的方式（即比喻執行策略的關鍵活動），使得演出發揮到極致。

2.2 企業商業模式的策略規劃

2.2.1 價值策略的訂定

過去的企業對價值主張的倡議，絕大多數是以市場行銷層面為導向，對消費者進行感性的訴求。事實上，價值主張應是企業對所提供的產品與服務除要能滿足消費者購買及使用等需求外，還能與潛在的競爭者在市場上形成明顯的區隔，以達企業及消費者共享利益的成果。

市場行銷爲導向的價值主張，強調企業內部財務報表最終的獲利表現。從策略層面所思考的價值主張，除財務面向有形的獲利表現外，更重視所提供產品與服務的組合能否對消費者產生無形的價值效益。如本書第一章所提到的價值感受（訊號及體驗價值等）及價值類別（經濟型及功能型等），這些對消費者所產生的價值利益，雖然不會在財務報表的類別上呈現出來，但消費者所感受到的價值利益感受及價值共鳴，才是企業永續獲利的基石。

當企業高階主管透過策略規劃所訂定的價值主張並鑲崁於商業模式中運轉，該價值主張的內涵應包含但不限於下列的三個層面：

- 產品與服務的潛在客群：企業提供的產品與服務並非對所有的消費者形成非買不可的或是等同重要的程度。因此，企業要思考如何將所提供產品或服務的價值感受或價值類別，提升到潛在消費族群必要的程度。
- 回應多數消費族群的需求：消費者的購買需求隨科技的進步及時代的演進不斷的提高，對於商品的選擇及購買以不侷限於商品本身，而是該商品與服務能否提供不可或缺的附加服務價值。如商品取得及購買過程的便利性、服務環境的舒適性及友善程度、購買商品後所帶來利己或利他的價值體認等。
- 共創雙贏的獲利模式：當企業已回應多數消費族群的需求時，某種程度而言，也降低了消費對於該商品購買的障礙或門檻。這些必要的附加服務價值體現，有別於過往以商品爲主體在市場行銷所給企業帶來的經濟交換，也就是實質的財務獲利。另外，企業應以服務價值爲主體來建構策略思維。企業需在服務生態系統中尋求對消費者有幫助及形成有利益的價值活動，消費者才能獲取企業所倡議價值主張的利益及共鳴感，進而強化產品與服務的底蘊，以達企業永續競爭及實質獲利的雙贏效益。

在商業模式藍圖的中心位置是價值主張（詳圖 2-1），結合左、右兩側成本及收益二大類別以清楚的表達出三件事情： 1. 針對哪一類的消費族群，帶給她

（他）們什麼價值；2. 爲達到提供消費者的價值，企業內部要如何改變及調整；3. 外部要如何的因應以達獲利的需求。所以商業模式對於企業而言，就是透過價值主張對所提供產品與服務的策略定位，及在市場上與同業競爭模式的體現。

2.2.2 資源基礎策略為商業模式的基礎建設

一個從策略思維所建構的商業模式，必須先從企業內部盤點出具備異質性及不可移轉等關鍵資源項目，並進行必要的資源投入，進而創造消費者所需的附加價值。商業模式藍圖的左側代表企業內部成本結構的盤點與調整，包含了資源、活動及合作夥伴等三個關鍵的層面。這些層面就是回應了邦尼的「資源基礎觀點」，強調企業內部有形及無形資源的投入，內部組織及作業流程的獨特性，以達到持續的競爭優勢。

- 關鍵資源：企業所提供產品與服務的組合要能對消費者產生價值，並且還要能夠在市場上維持其競爭優勢，就必須進行內部資源的盤點，並找出企業可實質擁有 VRIN/VRIO 特質的資源基礎與能力項目。這些項目可能涵蓋了組織應具備獨特的關鍵零組件、組織流程、人力資本技能、知識管理系統與流程、與其它企業形成合作或聯盟關係、管理與技術訣竅等內隱知識與資產。
- 關鍵活動：企業爲創造價值所進行之必要的活動、組織流程和行動方案。通常反映出企業的主流價值鏈活動。
- 關鍵合作夥伴：尤其是在供應鏈體系之中，公司與其它無競爭關係者或聯盟企業形成策略合作夥伴關係。不僅僅是爲了要支持企業從事關鍵資源的發展與關鍵活動的進行，同時也要支持企業滿足消費者需求和對消費者進行價值傳遞。

2.2.3 策略影響企業獲利的關鍵因素

商業模式藍圖的右側代表企業在市場端的經營，即企業獲利的來源。企業在市場的經營活動必然與其價值主張有絕對的連結。就商業模式的設計，價值主張的定義必須要有清晰的策略願景做為指引，而接下來的工作就是要設定與價值主張相契合的目標消費族群。因此，價值主張並非是形式上或單純的感性訴求，它必需反映出企業對於消費族群所提出與傳遞的價值承諾。

- 目標客群：企業首要明確釐清產品與服務所要提供的「消費族群是誰」，是否有策略性的目標市場或族群需要納入。其次，這些產品與服務能否滿足這些潛在消費族群的需求及相關的解決方案。當目標客群以及需求越清楚時，越能獲取市場的價值共鳴，同時也能夠拉大與其同業競爭優勢的距離，為企業帶來可觀的利益。相反的，若企業的目標客群模糊，其產品與服務在市場的替代性大，能獲得價值共鳴的程度相對較低，獲利營收就會有不穩定的狀態，導致企業經營上的困難。
- 顧客關係：當目標客群越清楚，就越能精準的與目標客戶維繫良好的顧客關係，以降低不必要的費用支出，越能彰顯企業的獲利能力。維繫關係的建立，可透過個人、社群平台、廣告傳播或其它媒體等露出方式來傳達資訊與消費者溝通，強化客戶與企業間的黏著程度。黏著程度越高，企業的市占率及獲利能力也越顯著。
- 通路：通路為企業傳達價值主張給潛在目標客群重要的服務場域。該服務場域是提供企業展現產品力及消費者透過服務流程進而感知價值的重要途徑。有關服務場域的內容，本書第三章中有詳細的說明。

2.3 商業模式的動態觀點

美國著名經濟學者大衛・帝斯（Teece, et al., 1997）提出的動態能力觀點

（Dynamic Capabilities View, DCV）[2] 認爲，商業模式與動態能力具有相互的依存關係，若企業具有高度的動態能力，將有助於商業模式的設計與創新。基礎動態能力可以導引企業調整與重構其既有的資源與能力基礎，同時促使企業發展出新能力。基礎動態能力包含了：組織流程的整合與協調、組織學習、資源的重組與轉化；而高階動態能力，包含感知能力（Sensing）、獲取能力（Seizing）和轉化能力（Transforming），爲企業的能力提供指導與發展，體現管理者在組織程序的支持下感知未來組織或技術發展的方向，從而設計商業模式以抓住機會，從事組織或技術創新，最後實現與產生新的競爭優勢（Teece, et al., 1997；Teece, 2007; 2018）。

帝斯（Teece, 2007; 2018）以動態能力理論爲基礎進行商業模式的設計、創新與運行，其重點在於企業的高層管理人員最應重視的高階動態能力（圖 2-5）。因爲高階動態能力通過指導並整合企業自身的常規（Routine）能力，同時結合動態能力的微觀運行，來實現從商業模式的選擇和決策、設計與創新，以致運作與協調。企業要選擇正確的策略及建構出一個健全的商業模式，完全依賴企業對於自身及外在環境敏銳的觀察及回應的能力。當組織意識到（Sensing）外在競爭環境的變化且有利於公司的競爭優勢時，就必須抓住（Seizing）機會調整或精練目前的商業模式，同時進行有形與無形資源整合的盤點及策略的調整，最後進行資源的重新配置與轉化（Transforming）。如此才能建構出一個高度適應環境變化的商業模式，致使與消費者產生價值共鳴。

商業模式與動態能力契合的另一個體現是組織結構設計。想要規劃並快速實施新的商業模式，企業在一定程度上需要從事組織變革與創新。因此，企業本身必須要具有強大的動態能力以支持組織結構的調整和創新。事實上，組織僵化是企業發展中容易出現的問題，因爲管理者通常以不斷完善或調整既有的組織常規

---

2 Teece（1997）將動態能力定義爲「公司整合、建立和重新配置內部和外部能耐以回應快速變化環境的能力。」（原文：dynamic capabilities as the firm's ability to integrate, build, and reconfigure internal and external competences to address rapidly changing environments.）因此，動態能力反映了組織在既有的資源基礎、發展路徑和市場定位上，從事創新與獲取新競爭優勢的能力。

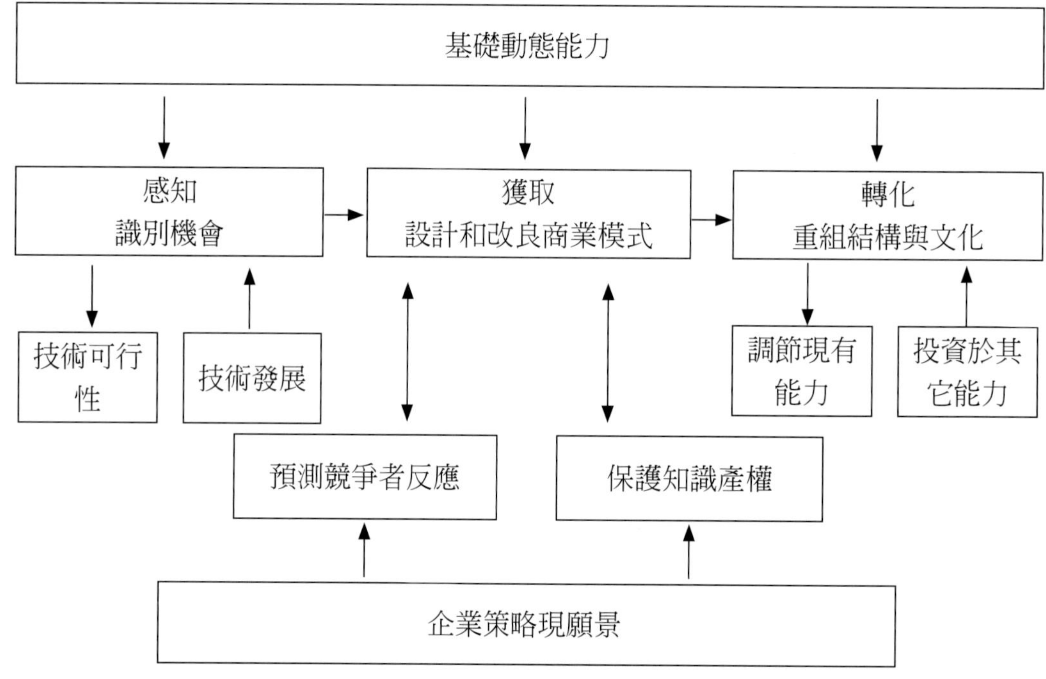

圖2-5　動態能力、商業模式和策略的整合架構

資料來源：Teece, D. J. (2018). Business models and dynamic capabilities. Long Range Planning, 51(1), 40-49. P.44

爲目標，而非創造新的組織常規。因此，爲了避免組織慣性所造成的組織僵化現象，組織適當的調整與商業模式的創新，需要隨著環境的動態與策略的調整不斷的檢視與進行，成爲一種半持續性變革活動。

課後討論

1. 企業策略與商業模式的關係爲何？試舉例說明。
2. 策略的產業定位觀點與商業模式應如何配合與運用？
3. 您如何應用策略核心能耐觀點於公司商業模式的發展。
4. 商業模式如何促進企業競爭優勢的發展？試以策略的資源基礎觀點說明。
5. 討論環境的變化與商業模式創新的關係。
6. 討論組織變革對於商業模式創新所扮演的角色與重要性。

參考文獻與資料

1. Bain, J. S. (1959). Industrial Organization. Wiley, New York.
2. Barney, J.B. (1991). Firm resources and sustained competitive advantage. Journal of Management, 17, 99-120.
3. Barney, J. B. (1996). The resource-based theory of the firm. Organization science, 7 (5), 469-469.
4. Barney, J. B., & Clark, D. N. (2007). Resource-based theory: Creating and sustaining competitive advantage. Oxford: Oxford University Press.
5. Barney, J. B., Hesterly, W. S. (2016).策略管理與競爭優勢（第五版，楊景傅編譯）。台北市：華泰文化。
6. Bogner, W. C., & Thomas, H. (1992). Core competence and competitive advantage: a model and illustrative evidence from the pharmaceutical industry. BEBR faculty working paper; no. 92-0174.
7. Grant, R. M. (1991). The resource-based theory of competitive advantage: implications for strategy formulation. California management review, 33 (3), 114-135.
8. Grant, R. M. (1996). Prospering in dynamically-competitive environments: Organizational capability as knowledge integration. Organization science, 7 (4), 375-387.
9. Hamel, G., & Prahalad, C. K. (1994). Competing for the Future, 1994. Harvard Business School Press, Boston.
10. Leonard Barton, D. (1992). Core capabilities and core rigidities: A paradox in managing new product development. Strategic management journal, 13 (S1), 111-125.
11. Markides, C. C., & Williamson, P. J. (1994). Related diversification, core competences and corporate performance. Strategic Management Journal, 15 (S2), 149-165.
12. Osterwalder, et al., (2017). 價值主張年代：設計思考X顧客不可或缺的需求=成功商業模式的獲利核心（季晶晶譯），台北市：天下雜誌。
13. Penrose, E. T. (1959). The theory of the growth of the firm. New York: Sharpe.

14. Porter, M. E. (1979). How competitive forces shape strategy. Harvard Business Review. March-April, 1979.

15. Porter, M. E. (1980). Competitive strategy: Techniques for analyzing industries and competitors. Free Press: New York.

16. Porter, M. E. (1985). Competitive Advantage: Creating and Sustaining Superior Performance, Free Press: New York.

17. Prahalad, C. K., &; Hamel, G. (1990). The core competence of the corporation. Harvard Business Review, 68 (3), 79-91.

18. Ricardo, D. (1817). On the Principles of Political Economy and Taxation: London.

19. Spanos, Y. E., & Lioukas, S. (2001). An examination into the causal logic of rent generation: contrasting Porter's competitive strategy framework and the resource based perspective. Strategic management journal, 22 (10), 907-934.

20. Tampoe, M. (1994). Exploiting the core competences of your organization. Long range planning, 27 (4), 66-77.

21. Teece, D. J., Pisano, G., & Shuen, A. (1997). Dynamic capabilities and strategic management. Strategic management journal, 18 (7), 509-533.

22. Teece, D. J. (2007). Explicating dynamic capabilities: the nature and microfoundations of (sustainable)enterprise performance. Strategic management journal, 28 (13), 1319-1350.

23. Teece, D. J. (2018). Business models and dynamic capabilities. Long range planning, 51 (1), 40-49.

24. Wernerfelt, B. (1984). A resource based view of the firm. Strategic management journal, 5 (2), 171-180.

第三章

服務場域

★學習目標★

閱讀本章後，您應該可以了解與掌握

- 了解服務場域的內涵
- 了解服務場域之環境因素對消費者行為的影響
- 了解實體與虛擬服務場域間的重要性

奧斯瓦爾德（Osterwalder, 2004）在商業模式中對通路的定義爲「將價值主張傳遞給目標客群，以及經由配送、銷售管道，與目標客層交流以達傳遞價值主張之目的。」然而，這樣的定義反映出企業傳遞價值主張予目標客群的一種相對「巨觀」的解釋。多數的行銷學者認爲，若要讓目標客群能夠感受到企業所要傳遞的價值並且產生認同感以達收益之成效，應從「服務場域」（Servicescapes）的設計與服務流程的規劃來促使消費者在交易的過程中感受到企業所試圖傳遞的價值訴求。

3.1 服務場域

美國著名行銷學者碧特納（Bitner, 1992）於 1994 年率先建構出「服務場域」的概念性框架（Framework for Understanding Environment-User Relationship in Service Organisations）（圖 3-1）。此框架強調企業爲了實現特定目標群所須建構的實體環境。消費者及員工透過在服務場域中的各項活動，使其能感知到環境中所配置的各種因素，並對該環境做出「認知上、情緒上及生理上」等不同的內心回應（Internal Responses）。消費者的行爲有相當的程度是受到服務場域中軟、硬體設施的布置，以及在服務流程中有意識或無意識地與服務場域中的各項元素互動，進而感知到企業意圖傳達的訊息而影響所致。

碧特納（Bitner, 1992）服務場域的概念性框架係源自於 1974 年環境心理學家麥拉賓與羅素（Mehrabian & Russell, 1974）運用「刺激—有機體—反應」模型（Stimulus-Organism-Response Model）所建構的「環境心理學」理論框架（圖 3-2）。當人們的五官（視覺、嗅覺、觸覺、味覺與聽覺）受到實體或社交環境中各類元件的刺激，致使他們的內心會產生特定的情緒反應，影響人們後續「趨近」或「趨避」的行爲反應。麥拉賓與羅素（Mehrabian & Russell, 1974）定義了人們的情緒反應與狀態，包含「愉悅」（Pleasure）、「喚醒」（Arousal）與「支配」（Dominance）」，並發展出著名的「PAD 情緒狀態模型」。有關「情

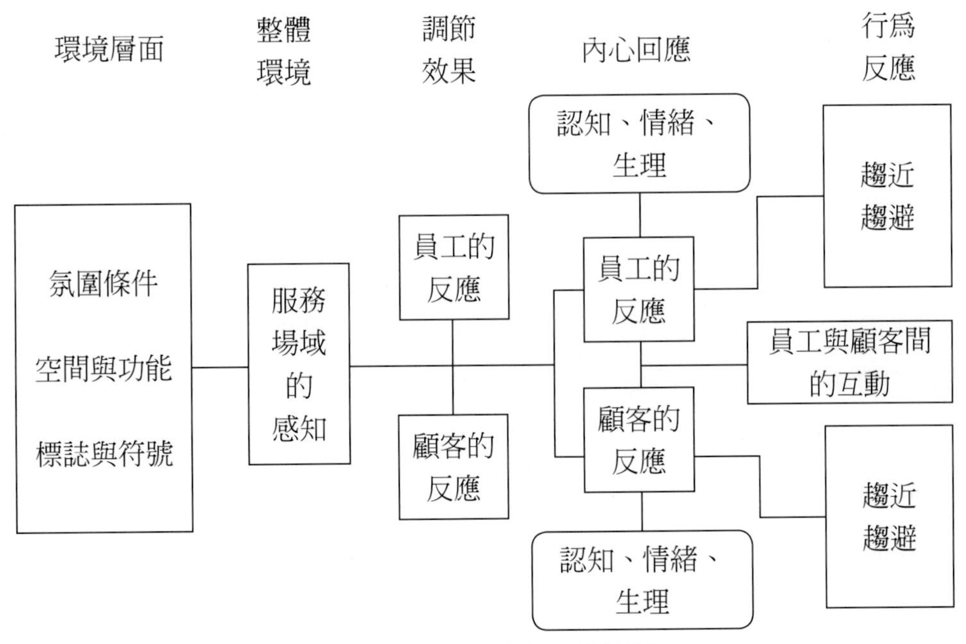

圖3-1　服務場域概念性框架

資料來源：Bitner, M.J. (1992). Servicescapes: The impact of physical surroundings on customers and employees. Journal of Marketing, 56(2), 57-71. P-60.

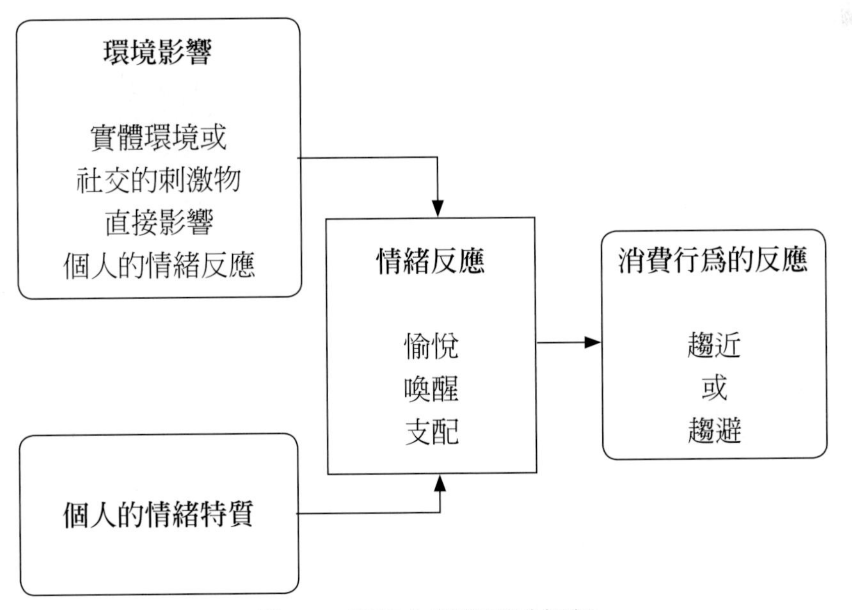

圖3-2　環境心理學理論框架

資料來源：Mehrabian, A., and Russell, J.A. (1974). An approach to environment psychology. Cambridge, MA: Massachusetts Institute of Technology. P-8.

緒狀態」的討論，本書會在第二篇有詳細的說明。

實體或社交環境對消費者的感知程度具有絕對的影響。現代市場行銷學之父菲利普．科特勒（Kotler, 1973）提出「氣氛」（Atmospherics）對環境的重要性。科特勒認爲「在一個空間內，企業對消費者所刻意營造出的特定氣氛，包含了建築外觀的設計、內部設計所運用的顏色、燈光、尺寸、及窗戶樣式等，其目的是要刺激消費者的感官系統，使消費者對該氣氛產生情緒的轉換效果，進而強化消費購買的機率。」科特勒將氣氛這個概念轉化爲消費者感官知覺的四個面向「視覺、聽覺、嗅覺及觸覺」。也就是說，消費者沉浸於企業所刻意布置的環境氣氛線索中，藉由本身感官知覺的感染（刺激），誘發出特定的情緒，最後催化出消費行爲的傾向。

3.2 環境因素對消費者的影響

前面提到，碧特納（Bitner, 1992）所發展的「服務場域」概念性框架強調，無論是消費者或員工都會經由「認知」、「情緒」與「生理」對不同的環境因素刺激產生回應。也就是說，不僅是產品或服務本身，服務場域中的各類軟、硬體陳設會影響消費者的感知及消費行爲與傾向。這裡所提到的環境因素包含「空間與功能（Spatial and Function）」、「氛圍條件（Ambient Conditions）」與「標示、符號與裝飾品」等三個層面。

1. 空間與功能

「空間與功能」泛指企業提供消費者在賣場購物流程的便利性及重要性。其中，空間是指賣場本身與賣場內設備的大小、形狀、各類設備擺放的相對位置與關係；功能是指企業在賣場空間內對這些設備所進行詳細規劃及擺設所展現出的功效及達到預期之目的。但從過去組織行爲與環境心理學的實證研究中發現，「空間與功能」的設計大多是從員工的工作便利性來思考。即便是從零售環境的角度出發，服務場域的設計邏輯也都以考量人潮或顧客動線的角度為出發點，較少從消費者的購物流程來思考。

根據「空間與功能」這個環境因素，碧特納（Bitner, 1992）在她的研究中發展出一個命題，「當員工或顧客在有時間壓力的情況下執行某個任務時，特別是在自助服務場域，空間 / 功能是最能展現出其功效。」[1] 這個命題一定程度反映出消費者在服務場域中對購物流程的實際需求。因此，碧特納（Bitner）所發展出的服務場域框架，對於後續研究類似的主題，具有開拓性及深遠的影響。

2. 氛圍條件

氛圍條件通常泛指像是溫度、音樂、氣味、聲音等這些影響人類的感官，進而使人們產生特定回應的元素。對於「氛圍」的討論，多以前述科特勒所倡議的「氣氛」基礎上進行延伸。如貝爾克（Belk, 1975）討論商店店鋪內的情境與物件是會影響消費者產生後續的行為反應。彭思與碧特納（Booms & Bitner, 1982）認為實體環境中的有形線索（Tangible Cues），如燈光、空調、家具等，可有效的刺激消費者使其感受到無形服務線索（Intangible Cues）的存在。透過這些有形及無形線索安排與配置，企業能夠將產品或服務的精髓在實體環境中展現出來，同時促使消費交易的產生。貝克（Baker, 1986）強調環境的設計要符合功能與美學的概念，更重要的是，貝克對於員工與顧客間互動的社會因素也納入所謂的「氛圍」的範疇。

這些對於實體環境中「氛圍」的討論，均被大部分的企業視為是對環境所刻意附加的價值功能，其目的就是希望消費者在環境中可以感受到企業所欲傳遞的價值及樂趣性，以增加她（他）們在消費場所中駐足停留的時間，進而產生正向的消費行為。

1　原文：The effects of spatial layout and functionally are particularly salient in self-service settings, which the tasks to be performed are complex, and where either the employee or customers is under pressure.

3. 標示、符號與裝飾品

社會學家保吉拉德（Baudriallard）[2] 在闡述資本主義下的消費趨勢，曾說道：「物件必須成爲符號，才能成爲被消費的物件。」若以符號觀點而言，服務環境的符號化可以是一種所謂空間的符號化，它使得一個服務環境內的商品、說明與提升產品資訊曝光的標示、裝飾或其它的軟、硬體配置都有可能隱含特殊的意涵。

爾里（Urry, 1990）曾經闡明符號消費的重要意涵：消費對象不再侷限於有形的物質，無形的象徵、環境的氛圍，甚至是愉悅感，都可以呈現符號的價值，進而達到促進交易的產生與增加交易的價值。商品或銷售商品的空間作爲象徵性符號並不是現代消費社會的特有現象。許多文化社會學家，如馬歇爾．薩林斯（Marshall Sahlins）、瑪麗．道格拉斯爵士（Dame Mary Douglas），堅持文化是人類消費活動的底層特性，商品或消費空間在一定的程度上都具有文化符號的功能。例如，懷舊符號的環境元素如果適當應用於餐飲業或零售店鋪的服務環境中，不僅僅是單純的營造所謂的文化底蘊與環境氛圍，更能夠促使消費者在消費體驗時的時空穿越感，引發消費者的懷舊情緒，加強情緒與價值認知的共鳴。

符號是集體意識的產物，它是以產品或服務和企業價值爲核心的一種社會化的集體共識。保吉拉德強調，在符號化的消費市場中，個人加諸於商品本身的主觀情感和意義會因爲商品符號化而淡化，取而代之的是群體共同塑造與共享的符號意義。符號價值可以說是一種社會化過程後的共同價值觀。因此，商品與消費場域的符號化的構建是企業對於特定群體共同價值傳遞的有效途徑。

---

2 引用自 Genosko, G. (2002). Baudrillard and signs: Signification ablaze. Routledge.

3.3 虛擬服務場域

21 世紀初「服務場域」的研究，已從零售業逐漸涵蓋所有的實體及虛擬的服務場域。這些場域包含但不限於網路場域（Cyberscape）、虛擬場域（Virturalscape）、社交場域（Social Servicescape）、運動場域（Sportscape）、節慶場域（Festivalscape）、郵輪場域（Shipscape），甚至是飛機場域（Planescape）等。

這些不同性質的服務領域，都是企業根據自己的市場定位、服務屬性或提供消費者某種承諾所刻意建構出來的專屬服務場域。其間的共通性就是將服務流程與服務接觸等元素鑲嵌於服務場域之中。通過這些鑲崁於服務場域中的元素，企業的目的是希望能夠誘發消費者的感官知覺，並透過他們內心的情感評價，使能感受到企業在服務場域中所要傳達的各種價值，進而影響消費者的消費行爲與提升價值感知。

2020 年初新冠疫情（COVID-19）肆虐全球，企業被迫必須從事流程創新以因應各項的限制，諸如保持社交距離、實體商店人流限制、禁止室內用餐等等。其中最爲明顯的是 COVID-19 助長了消費者行爲朝向線上虛擬場域發展，進而導致消費者行爲有了根本的改變。這樣的發展也同時加速衆多的企業開始從事電子商務與數位經濟相關的服務與流程創新的發展。

克里斯蒂娜・海諾寧（Kristina Heinonen）與托雷・斯特蘭維克（Tore Strandvik）在 2020 年，針對服務型企業因爲 COVID-19 而被迫從事服務創新（Imposed Service Innovation）的組織行爲做了主題式的分類。海諾寧與斯特蘭維克調查了 702 家服務型企業，橫跨 24 個產業，區隔出 11 類的服務創新模式。分述如下（Heinonen & Strandvik, 2020）：

- 社會倡議創新（Social Initiative Innovation）：仰賴個人對當地企業、環境團體和公民團體的慷慨捐贈來強化社會福祉。其中許多創新活動橫跨各個社會層面，爲社區需要被服務的團體，無論在經濟活動或行動方案提供虛擬平台的規劃和協作（包括在線捐贈、表達感激或提供支持的網站）。

- 交付創新（Delivery Innovation）：通過機器人、免下車或平台外送的非接觸式或遠程交付。如超市與餐廳或小吃攤與外送平台業者（Uber Eats 和 foodpanda）合作，提供家庭雜貨或餐飲遞送服務。
- 實體維距創新（Physical Distancing Innovations）：結合有形設施和無形服務來確保服務場域實體社交距離的實踐，以避免傳染或降低傳染的機會，保障人們的健康和安全。例如，虛擬或擴增實境（AR/VR）的應用於服務流程、實體商店的人流與動線管制、凡是客人接觸過的座位和物品立刻以酒精消毒等。
- 遠程呈現創新（Remote Presence Innovation）：讓使用者在不用出門的情況下能夠有精神上享受的服務創新，如虛擬旅行和遠距離文化體驗，甚至是餐飲體驗。如線上畢業典禮和線上舞會，比較特別的服務像是芬蘭乳製品公司 Valio 提供的虛擬餐桌服務。
- 娛樂創新（Entertainment Innovation）：提供娛樂相關的服務內容，如現場線上演唱會、音樂表演和體育賽事等活動。例如：虛擬 NBA 2K 錦標賽、SXSW 音樂節直播和 ATP 網球巡迴賽在線投注等。
- 健康和福祉創新（Health and Well-Being Innovation）：通過心理健康課程、應用程序（APPs）提供心理健康支持、心理策略和應對技能等等服務。
- 專業諮詢創新（Professional Consultation Innovations）：通過專業諮詢的創新服務將過去在實體門市的客戶服務經驗轉換為在線的服務，提供專業指導和知識。例如，美容品牌 Kiehl's 將銷售人員的角色轉變成為線上虛擬顧問，通過視頻或文字聊天方式為個人消費者提供客製化的諮詢。
- 社交聯繫創新（Social Connection Innovation）：雖然前述遠程呈現創新提供了對特定服務類型的虛擬在線體驗，但社交聯繫創新側重於對個人連結的建立和培養共存感（Sense of Coexistence），即涉及個人關係的培養與溝通。如 Goodnight Zoom 的 Storytelling APP、Google 的 Vemos 等。另外，這一類的服務創新還包括社交遊戲和虛擬約會類型的創新服務。

- 教育創新（Education Innovation）：各式各樣的教學單位、組織或個人開發的教育創新服務，通過直播、互動活動和非同步視頻來支持遠距學習。如各級學校、烹飪教室、音樂課程和商業或學術研討會等。
- COVID-19 體驗創新（COVID-19 Experience Innovations）：是一項個人和社區針對 COVID-19 的體驗所發展的一項特殊服務。例如，政府衛生或防疫單位對新型冠狀病毒發展與傳播資訊的提供；針對特定群體的體驗資料蒐集與傳播，如，未完成的故事（Unfinished Stories Platform）蒐集有關學生面對 COVID-19 疫情的特殊體驗。
- 公共創新（Public Innovation）：此創新是公部門爲應對緊急的挑戰而新創的服務類型，其主要是爲了對現有的公共資源進行重新分配用以造福弱勢群體。這些創新呈現了公眾和政府相關的行爲者以創新的方式響應社區需求的意願和能力。例如歐洲議會的應用程序服務爲無家可歸的人們和 COVID-19 確診者開闢了收容的場所；在法國，公部門機構爲家庭暴力的受害者提供飯店住宿和即時諮詢。

3.4 結語

服務場域不僅是硬體建築物的建構，同時也包含了消費者、員工服務接觸與服務流程等軟體的建置，促使形成接待、交易及傳遞消費價值的絕佳場所。「服務場域」應同時包含了靜態「實體環境」設施與動態「服務情境」兩個部分。我們以「家」爲概念來類比服務場域之靜態與動態的組合。「房子」可以類比成「服務場域」靜態的實體環境，要讓房子的價值突顯出來，需要有溫暖及活動生命力的家人加入。唯有兩者的共存與運作，「家」的價值才能完全的體現出來。企業對服務場域的認知與定位，除應回應實體環境與服務情境的共存外，更應形塑出一個具有策略價值意涵及市場競爭能力的銷售場域，如此才能體現出服務場域對企業及消費者的意義與價值，及企業永續經營的目的。

因應新冠病毒疫情的發展，各類型的服務型組織或企業都試圖超越現有的商業策略，積極從事服務創新，尤其是轉換線下的服務成爲線上的服務內容。不僅僅是因爲擴大銷售範疇，更爲正在發生的數位化轉型帶來新的發展契機。我們根據海諾寧與斯特蘭維克的調查，羅列了 11 類因應新冠病毒疫情發展的服務創新主題，這些所謂被迫式的服務創新涵蓋了多項創新的特點，如空間靈活性、社交維繫、健康推廣、遠距教育、諮詢和相關技術的開發和應用。

課後討論

1. 服務場域係依據企業所倡議的價值主張所建構而成的，致使消費者在場域內可感知到企業所要傳遞的價值訊息。這樣的想法及理念，企業是運用了哪個理論模型？爲什麼？
2. 請以任何一家實體的服務場域爲例，並根據碧特納（Bitner, 1992）1992 年所建構的概念性框架，藉以論述環境面各面項的異同處。
3. 服務場域可以是任何的實體通路賣場，請以下列特殊的服務場域，如預售屋、汽車內裝或飛機客艙等場域進行說明，企業如何透過環境等面項或設計氣氛（氛圍），進而刺激消費者後續的行爲傾向。
4. 根據前面兩題您所選定的服務場域。請問，該場域的整體呈現與企業強調的價值主張其關聯性爲何？
5. 請以 2020 年海諾寧與斯特蘭維克所提出 11 類虛擬的服務創新模式爲例，提出至少三個創新模式並解釋，這些模式爲何是未來 2-3 年最具潛力及發展的趨勢。

參考文獻與資料

1. Baker, J. (1986). The Role of the Environment in Marketing Services: The Consumer Perspective, in The Services Challenge: Integrating for Competitive Advantage, John A. Czepiel, Carole

A. Congram, and James Shanahan, eds. Chicago: American Marketing Association, 79-84.

2. Belk, R.W. (1975). Situational variables and consumer behavior. Journal of Consumer Research, Vol 2, No 3, 157-167.
3. Bitner, M. J. (1992). Servicescapes: The impact of physical surroundings on customers and employees. Journal of marketing, 56 (2), 57-71.
4. Booms, B. H., & Bitner, M. J. (1982). Marketing services by managing the environment. Cornell Hotel and Restaurant Administration Quarterly, 23 (1), 35-40.
5. Genosko, G. (2002). Baudrillard and signs: Signification ablaze. Routledge.
6. Heinonen, K., & Strandvik, T. (2020). Reframing service innovation: COVID-19 as a catalyst for imposed service innovation. Journal of Service Management.
7. Kotler, P. (1973). Atmospherics as a marketing tool. Journal of retailing, 49 (4), 48-64.
8. Mehrabian, A., & Russell, J.A. (1974). An approach to environmental psychology. Cambridge, MA: Massachusetts Institute of Technology.
9. Osterwalder, A. (2004). The business model ontology: a proposition in a design science approach. Ph.D. Thesis, University of Lausanne, Switzerland.

第四章

價值感知

★學習目標★

閱讀本章後，您應該可以了解與掌握

- 了解「感知」的意涵
- 消費者的價值感知對企業所倡議價值主張的重要性
- 價值感知的兩大類別及差異性

服務場域存在的價值，不僅是接待及交易的場所，更是企業試圖傳遞產品或服務價值給消費者進行價值感知的重要場域。所謂「感知」（Perception）是指消費者們在接受外界訊息的同時，其內心會將這些訊息進行組織，透過有意識的整理、詮釋等一系列體驗的過程，賦予這些訊息意義的一種過程。因此，當我們談論顧客「價值感知」時，它會是一種顧客體認的狀態。也就是說，絕大多數的消費者在服務場域中所獲取的感知價值大致可以區分為「理性」與「感性」兩種。另外，對於「價值感知的動態傳遞過程」，我們會在第三篇做詳細的討論。

學者對於「感知價值」的研究多著重於感知的起因或影響感知價值的因素，更甚者是對其價值本身意涵的解釋。誠如前段對感知所下的註解，本書認為「感知價值」是一種透過有機體（如消費者）生理與心理交互反應後所展現出的價值感受。事實上，許多企業在服務場域中提供了許多有形或無形的資源（如各式各樣場域設施的設置與環境因素的安排），使得消費者在服務場域中通過感官知覺的刺激，感知到企業所試圖傳遞的價值訊息。因此，「感知價值」是攸關企業能否永續經營重要的關鍵因素。桑切斯—費爾南德斯與伊涅斯塔—博尼洛等西班牙學者（Sánchez-Fernández & Iniesta-Bonillo, 2007）對消費者價值本質的認定，除了從學術的角度來解釋價值具有單一及多層次的意義外，更從消費者對感知的狀態區分為「理性」與「感性」兩種價值，並且也都幾乎含括了所有消費者的感知價值取向。

4.1 理性的感知價值

價值是權衡與評估的結果。蔡塔姆等學者（Zeithaml, Berry & Parasuraman, 1988）認為，價值應具備「價值是低價、價值是消費者無論如何都希望購買的產品、價值是消費者願意付出的價格而換取的品質，最後，價值是購買與獲得間的關係」等四種特質。基於這些價值的特性，價值其實就是付出與取得之間的取捨關係。簡單的說，消費者面對企業所提供的產品或服務，經過整體評估所形成的

「權衡價值」。

蔡塔姆等學者（Zeithaml, Berry & Parasuraman, 1988）對整體感知價值的描述為「消費者根據該產品的實用性，經整體評估後所形塑出的價值感。」亦即品質、價格（成本）與利益間的權衡關係。權衡價值首重「整體評估」的決策，也就是消費者購買產品或服務時，依據自己所願意付出有形或無形的成本或「犧牲」（如時間或精力），以換取實質或形式上的利益。當利益大於成本時，權衡價值就會形成，反之亦然。但也有例外的時候，當該服務或產品具有其稀有性、特殊性或不可取代等特性時，消費者必須付出相對高於利益的相關成本或犧牲，才可獲取實質上與形式上的利益。因此，消費者是經過與產品（服務）間的互動，並透過利益取捨及「權衡」的評估結果，所形塑出的價值感。

權衡價值也涉及消費者內心的思維，學者塔勒（Thaler, 1985）結合了心理認知及個體經濟理論分別解釋「獲取價值（Acquisition Value）」及「交易價值（Transaction Value）」。獲取價值為比較產品實際價格與購買後的利益；交易價值則著眼於產品的實際價格與消費者願意付出價格的差異。這兩種不同的價值均強調產品是否為物超所值的概念，其價值完全取決於價格。當然，這些價取向的內涵還包括了公司形象、服務品質、社會價值、個人偏好及情境等因素。雖然消費者理性的價值感知大多是從經濟，自身利益及商品間的「取捨」或「權衡」來判定價值的存在與否。這些都是從商品本身的角度來思考及判斷終端的商品價值，且企業與消費者間的互動，僅單純地存在於商品交易的互動層面。

然而，瓦爾格與盧施（Vargo & Lusch, 2004; 2008）在「服務主導邏輯」中不斷的強調共創價值的理念。他認為，受益者（消費者）在接受到（購買後）該商品後，還需在不同的使用情境中，更或許在經歷一連串的探索及學習之後，才能將商品的價值感受萃取出來。換句話說，共創價值也就是使用者在不同的情境中透過資源整合的過程將商品的價值創造出來。瓦爾格與盧施（Vargo & Lusch, 2004; 2008）強調的共創價值鏈（參考圖 4-1）可以理解成是在製程前端（連結供應商）及銷售後端（連結顧客或消費者）的情境價值。然而，對於商品在服務場域中的感知價值，甚至當商品沒有價值時，可透過後續的重生計畫，使其產出共創價值。這兩部分（圖 4-1 虛線框）的共創價值在服務主導邏輯中並未討論。據此，價值在每個共創價值的循環鏈中，均代表了不同意義的獨特價值。

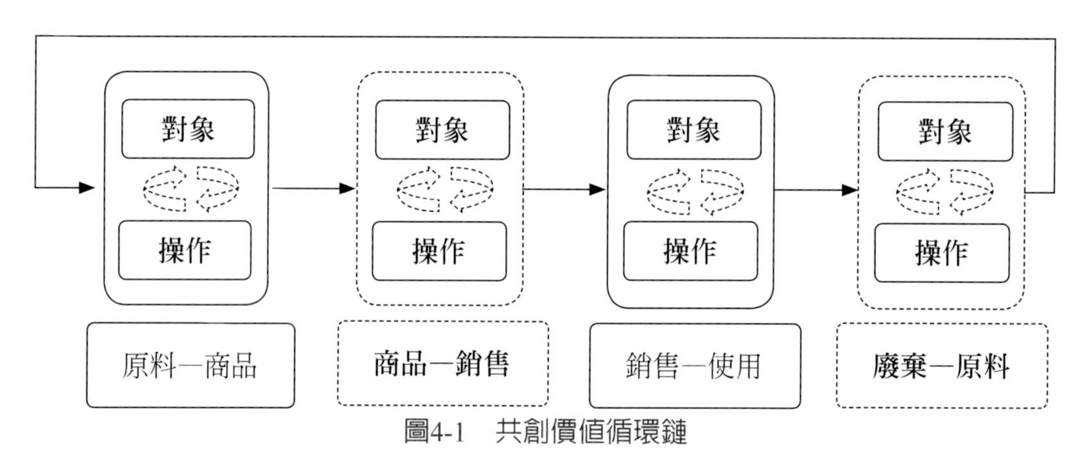

圖4-1　共創價值循環鏈

資料來源：作者整理

4.2 感性的感知價值

感性的感知價值強調消費者透過實際體驗過程所感知到的價值。意即價值在感知的過程中，消費者在「服務場域」所感受到實體環境與相關設置與設施的便利性、在「服務情境」與服務人員互動的友善程度，以及當下體驗與前次經驗的比較，這些在場域中藉由互動的過程所體現出的服務細節，所激發出消費者不同的情緒狀態，形成對價值的評估及後續可能有意再次消費的行為。觀察這些消費者在服務場域中的互動細節與可能衍生的消費行為與價值感知，萊明克等三位學者（Lemmink, De Ruyter & Wetzels, 1998）引用哈特曼（Hartman, 1967; 1973）所發展的「EPL 價值模型」來測量傳遞服務流程的顧客滿意度。

EPL 分別代表：情緒（Emotional）：強調消費者在服務流程中的整體感受；實際（Practical）：表示在流程中必須提供的實體物件；邏輯（Logical）：則是因實體物件所必須提供的服務（流程）。羅斯特與奧利佛（Rust & Oliver, 1994）等學者認為，消費價值評估有助於提高滿意度，而滿意度在服務流程中是認知與情感反應的總結表現，也就是消費者在服務流程中所感知到的價值。

哥倫比亞大學霍爾布魯克（Holbrook, 1996）教授認為，感知價值具有「互動、相對、偏好與體驗」等四個本質。「互動」（Interactive）意味者商品需要消費者的欣賞與參與，價值才能展現出來，這是服務主導邏輯的共創價值概念；「相對」（Relativistic）意指價值會因人而異，因產品的比較及情境的不同而有所改變；「偏好」（Preference）則會依據消費者獨特的評價判斷因而產生正面與負面的價值取向；最後「體驗」（Experience）強調顧客感知價值不會僅依存於購買階段，而是來自於消費體驗的過程，這個過程的本質就是「互動、相對與偏好」。

根據感知價值的四項特質，我們可以理解：企業唯有適當地規劃與提供服務環境與流程，才有機會引發消費者的感知價值。其次，消費者過去所獲取的經驗、技能或知識，都可能影響其感知價值的產生。因此，霍爾布魯克（Holbrook, 1996）再針對消費者本身對於感知價值提出三個對偶的層面，分別是「外顯（Extrinsic）與內隱（Intrinsic）；利己導向（Self-oriented）與利他導向（Other-oriented）；主動（Active）與回應（Reactive）」等。「外顯」價值強調，消費者自身的最佳利益及要達到此利益所需要的方法或途徑，也就是功利與工具的價值，相對於「內隱」價值，則是因消費體驗所觸發的情緒狀態；「利己導向」價值利用最佳利益展現身分的表徵，相反的，「利他導向」則強調物質主義所帶來的尊敬（或尊榮感）；最後是「主動」價值，是針對企業提供有形或無形的服務，並藉由生理與心理之間的互動，進而感知價值的存在。相對的，「回應」價值則是消費者在特定區域內，感知企業所承諾的價值。

雖然哈特曼教授（Hartman, 1967; 1973）在 1967 及 1973 年所描述的價值本體論包含了「外顯的」、「內隱的」與「系統的」，早於 1996 年霍爾布魯克（Holbrook, 1996）所提出的價值對偶層面，但雙方的對於感知價值的見解卻非常的雷同。哈特曼（Hartman）認為認知（即外顯的）與情感（即內隱的）是組成感知價值的重要元素，並強調這兩個元素還須進行有系統性的互動，感知的效能才會產生。這個互動性的系統理論與唐諾萬與羅斯特等學者（Donovan & Rossiter, 1982；Donovan, et al., 1994）的研究中依據麥拉賓與羅素所提出「PAD 情緒模型」（Mehrabian & Russell, 1974），其中愉悅（Pleasure）與喚醒（Arousal）在情緒狀態中的相互影響，其論點是一致的。

4.3 結語

綜上所述，雖然價值感知可區分爲「理性」與「感性」兩大類別。經過前面的探討我們認爲，消費最大的價值仍會以自身的利益爲主要的考量及出發點，但感知價值的精髓存在於消費的體驗過程，其過程就是「感性的價值感知」。某種程度而言，感性的價值雖已涵蓋了理性的功利判斷與感性的情緒探索，但只要是有經歷「多重的感官消費體驗」，且無論這個體驗的過程是在實體或是虛擬通路，都必須要體驗企業所刻意規劃的「服務情境」。因此，情緒探索是必然的反應。

最後，雖然我們強調「感官體驗」是「價值感知」最關鍵且必要的歷程。但仍有相當多的學者根據哈特曼教授所提出的 EPL 感知價值模型對旅館、博物館、餐廳等服務場域依據服務流程傳遞（Service Delivery Process）進行實證來衡量服務流程的滿意度或服務品質。然而這些所謂「服務流程傳遞」係針對特定的消費族群，並根據不同的服務場域、不同的服務流程，所進行的事後測量。若從感知價值的角度衡量，企業的價值倡議應具有策略及競爭的意涵。企業應該適當地規劃服務場域，使得其預期鎖定的目標消費族群能有效地感知並體認其價值主張。

課後討論

1. 消費者的理性價值感知係從產品與服務本身的價值來判斷，請試著以霍爾布魯克（Holbrook, 1996）的價值分類表鑑別出，該價值屬於自我導向的外顯或內隱價值？其原因為何？
2. 請試著說明，對象與操作性資源是如何產生共創價值的動態循環。
3. 理性的價值感知著重於消費者對服務情境的情緒反應。請選您所要購買的產品或服務，並根據霍爾布魯克（Holbrook, 1996）對價值的定義及所提出的價值分類表，試著分別描繪出該產品與服務的理性價值感知。

參考文獻與資料

1. Donovan, R.J., & Rossiter, J.R. (1982). Store Atmosphere: An Environmental Psychology Approach. Journal of Retailing, 58 (Spring): 34-57.
2. Donovan, R.J., Rossiter, J.R., Marcookyn, Gilian, & Nesdale, A. (1994). Store atmosphere and purchasing behavior. Journal of Retailing, Vol 70, 283-194.
3. Hartman, R.S. (1967). The structure of value: foundations of a scientific axiology. Southern Illinois Press, Carbondale., IL.
4. Hartman, R.S. (1973). The Hartman Value Profile (HVP): Manual of interpretation Research Concepts. Muskegon, MI.
5. Holbrook, M.B. (1996). Customer value: A framework for analysis and research, Advance in Consumer Research, Vol 23, No 1, 138-142.
6. Lemmink, J., De Ruyter, K., & Wetzels, W. (1998). The role of value in the delivery process of hospitality services. Journal of Economic Psychology, Vol 19. 159-177.
7. Mehrabian, A., & Russell, J.A. (1974). An approach to environmental psychology. Cambridge, MA: Massachusetts Institute of Technology.
8. Rust, R.T., & Oliver. R.L. (1994). Service quality: insights and managerial implications from

the frontier. In: Rust, R.T., Oliver, R.L. (Eds.), Service quality: new directions in theory and practice (1-19). Sage, London.

9. Sánchez-Fernández, R., & Iniesta-Bonillo, M. Á. (2007). The concept of perceived value: a systematic review of the research. Marketing theory, 7 (4), 427-451.
10. Thaler, R. (1985). Mental accounting and customer choice. Marketing Science, Vol 4, No 3, 199-214.
11. Vargo, S.L., & Lusch, R.F. (2004). Evolving to a new dominant logic for marketing. Journal of Marketing, 68 (January), 1-17.
12. Vargo, S. L., & Lusch, R. F. (2008). Service-dominant logic: continuing the evolution. Journal of the Academy of marketing Science, 36 (1), 1-10.
13. Zeithaml, V.A., Berry, L.L., & Parasuraman, A. (1988). Communication and control processes in the delivery of service quality. Journal of Marketing, Vol 52, No 2, 35-48.

第二篇

企業價値主張傳遞的基礎概念

本書所要探討的是企業如何藉由服務場域將其所倡議的價值主張成功地傳遞到消費者端。這樣價值動態傳遞的過程，是過去鮮少碰觸或深入探討的議題。在第二篇，我們試圖透過跨理論領域的探索來了解在行銷管理領域既有的理論，用以奠定本書在第三篇所要討論消費者價值感知的動態歷程。

美國市場行銷學者帕拉修拉曼、蔡塔姆與白瑞（Parasuraman, Zeithaml & Berry, 1988），針對服務具有 IHIP 特質——即無形性（Intangibility）、異質性（Heterogeneity）、不可區分性（Inseparability）及易逝性（Perishability）——所發展出具有可量測的服務品質量表（SERVQUAL 量表）。該量表主要是測量消費者在完成當次消費後之相對性的體驗感受，包含了他們對該服務場域應提供服務的「期待」與實際在消費過程中所「感知」到服務的差異性，差距越小「服務品質」越好，反之亦然。換句話說，消費者欲前往特定的服務場域進行消費時，他會帶著「期待」的心情前來體驗該場域在服務過程中「應該會」提供的服務，而不是「可能會」提供什麼樣的服務。因此，「期待的服務」或「應該會提供的服務」意喻著過去的親身體驗，據以了解提供服務者既定的服務品質或標準，及口耳相傳所形成的共識，這些既成的印象我們稱之為「基模」（Schema），心理學稱之為「情緒基模」或「情緒情節」（Emotional Episode）。不同的基模將不同的情節串聯形成整體的情緒體驗（Emotional Experience），成為分析情節的單位基礎，同時也構成了消費者期待服務提供者「應該會」提供相對服務的「腳本」（Scripts）。

當消費者前往服務場域時，都會攜帶這些期待性的腳本進行體驗消費，並藉由自身的感官體驗與情緒狀態產生互動，對鑲嵌於服務領域中的價值進行效價（Valence）評估與判斷，形成當次的體驗感受，也是形成感知價值傳遞的基礎。這裡所談論的「效價」，我們是基於美國著名心理學教授維克托．弗魯姆（Vroom, 1964）提出來的期望理論（Expectancy Theory）。該理論認為，個人行為傾向的動機，源自於個人對行為投入後所預期達到的績效期望（Expectancy）及該績效所帶來的效價是否滿足個人的實際需求，如，價值觀或偏好等。該偏好為前面霍爾布魯克（Holbrook, 1996）強調的效價評估，係依據消費者獨特的評價機制與判斷，進而產生正向或負向的價值取向具有相同的意義。簡單的說，效價就是消費者對所投入的事務，針對自身的主觀偏好或喜好程度，所進行的價值行爲判斷。

接下來的三個章節，我們將透過心理學的論點逐一拆解及說明什麼是腳本、基模、情緒啓動的過程及環境心理學家麥拉賓與羅素（Mehrabian & Russell, 1974）提出的「PAD 情緒模型」。

第五章

腳本與基模理論

★學習目標★

閱讀本章後，您應該可以了解與掌握

- 腳本理論的起源及其發展過程
- 腳本理論對認知與期待之間的關聯
- 哈雷模型在各象限的意義
- 維高斯基空間模型在各象限之間的循環過程
- 基模在「知覺循環模型」中的轉換歷程

腳本與基模理論是配合行銷傳播研究之需要而形成的一種理論途徑，基模反映出一種普遍化的慣例或思考型態，而腳本是一個慣例化的行爲模式。美國著名心理學教授蘇利文·湯姆金斯（Tomkins, 1978; 1987）係根據瑞士心理學家尚·皮亞傑（Jean Piaget）於1952提出「認知發展論」的核心概念「認知結構與基模」所延伸發展出來的「腳本理論」（Piaget, 1952）。皮亞傑認爲，基模是認知結構的基礎，也是人類運用與生俱來的行爲模式來吸收新知識的基本架構（Piaget, 1952; 1971）。然而，湯姆金斯（Tomkins, 1987）則認爲，認知應該是人們如何運用已知的知識與新訊息互動所產生的心智過程或認知歷程。

5.1 腳本理論

腳本理論具備「認知」與「期望」這兩個重要的元素。認知行爲是消費者基於過去曾在類似情境所累積的經歷（或經驗）、知識或慣例所形成的期望值。因此消費者會帶著這樣的期望腳本進入消費情境，並預期會與誰互動，互動過程中又會出現哪些事物等，所以這些腳本都會鑲嵌於消費者的心智中。根據湯姆金斯（Tomkins, 1978; 1987）發展的腳本理論，必須要具備三個重要因素，該理論才會成立，包含了：

1. 情境：消費者曾經去過或是類似的服務場域，如便利商店。
2. 道具：服務場域中所陳列的實體物件，這些物件都是消費者預期看到或使用的東西，如飲料櫃、陳列架、廁所、提款機或收銀機等。
3. 角色：消費者預期在服務場域中會遇到的人與可能會幫助該消費者完成活動的人員，如其它顧客及店員。

這些因素構成了腳本理論最根本的期待要素。換句話說，若要前往曾經去過或是類似的情境，這三個因素必須考慮進去，才會形成腳本。然而，湯金斯的腳本理論只涵蓋了三個「點」，並未將這三個點串聯形成一個連續的或是有次序的流程。後續許多學者擴展這個理論的基礎。其中，尚克與阿貝爾森（Schank &

Abelson, 1977）納入其它的元素，使其成爲以「情境」爲主的期待腳本。

尙克與阿貝爾森（Schank & Abelson, 1977）認爲，腳本是「認知的結構」，也就是人們須具有整合特定或類似的情境，可用來驗證所預期接受到的服務歷程，稱之爲「情境腳本」。腳本除了需要具備湯姆金斯最早所發展出的三個基本因素之外，在進入情境腳本前，還須具備「啓動」、「層次」、「細節」與「學習」等 4 個腳本流程，分述如下：

1. 啓動腳本：在思考進入腳本的那一瞬間，情境的觸發完全是基於個人過去類似的經驗。因此，腳本必須由情境所啓發，當事人也需參與在此情境中且擁有此腳本。
2. 腳本層次：前面提到，進入腳本是一個目標導向的活動，如，前往麥當勞用餐。要完成「在麥當勞用餐」這個主目標前，還必須要完成進入餐廳以及櫃檯點餐等次目標，當然還包含進行閱讀菜單及點餐等活動。這些次目標都是我們在描述細節的層次，而且每個次目標都包含了一連串的活動。這意喻了這些次目標或是活動都是服務流程或是所謂消費者觸點的一部分，更也是我們期待進入情境後的腳本依據。
3. 腳本細節：腳本是消費者藉由過去的經驗所形成的，然而服務流程的當下現況可能會因工作人員的素質、訓練或其它環境設置有變化等等不可控因素，導致腳本的產生比預期更好、一樣或甚至更糟等，不一致的現象。相對的，提供服務者（如店家或業者）必須爲即將進入的情境建立一個更爲周全或是更仔細的腳本。提供服務者因每天與接受服務者互動，對消費習性有基本的了解，所以擁有制訂或調整腳本（服務流程）的權利。然而，接受服務方不太可能與各類型的提供服務者接觸與互動，因此之前所學習或是留存在自己心智中的腳本就會與實際的場景發生有不一致的現象。因此，提供服務者相對於接受服務者擁有較多且更詳細的腳本（服務流程）。
4. 腳本學習：雖然消費者對特定情境都有其類似的腳本，但不同的消費者在情境的體驗過程中可能會對某些的事物比較有感（或比較不有感），這些方面可能是對於消費者自身能否成功的完成腳本的重要關鍵因素。提供服務者若未能注意到或考慮到消費者各種面向的需求，就可能造成消費者在服務場域中產生期望與感知之間的落差。

這些腳本的組成，基本上都是我們過去經歷事件的累積，或是日常例行事務的記憶與回憶。這些記憶有助於我們可以很快地建立基本的期待值。當然，這些期待性的腳本都是一個概略性的整體記憶與回憶，對某些情節可能是深刻的記憶，某些則是模糊的。這些片段的記憶或是情節都是組成期待腳本的重要元素。這些元素我們稱爲「基模」。當我們進入服務場域前，都會帶著數個期待性的「基模」與實際的服務進行衡量或接收、更新訊息，使成爲下次期待性腳本的依據。

5.2 基模理論

從 80 年代起，基模概念受到認知革命（Cognitive Revolution）對閱讀、學習與識字等領域的研究與應用有非常深遠的影響。第一位談論基模的學者可以追溯到 1929 年，伊曼紐爾．康德（Immanuel Kant）在他著作 "Critique of Pure Reason" 談到，基模是處於居中調節外部環境（The External World）與心智結構的機制，基模概念亦可將其形塑成爲一種「經驗透鏡（Experience Lens）」（Kant, 1929）。巴特利特（Bartlett, 1995）[1] 則認爲，基模強化了外顯環境（或外部文化）及內心記憶之間的互動。也就是說，個人所擁有的內隱知識與其如何適應外部環境之間所形成的互動關係。

羅森布拉特（Rosenblatt, 1978; 1989）爲詮釋巴特利特（Bartlett, 1995）與外顯環境與內隱知識間的互動關係，並從當代心理學及閱讀的角度，將其互動調整爲一種交易（Transaction）行爲。該學者並認爲，人類從事相關活動及其關係可

1 原始著作出版於 1932 年。

視爲是個人與社會、文化與自然因素所相互融合而形成的一種互動關係。羅森布拉特（Rosenblatt, 1978; 1989）根據這個交易的基礎，將閱讀的過程比喻爲學習的交易，讓每個交易在讀者及書中的內容形成一個獨特的經驗，該經驗就是閱讀者對交易（書中的內涵）的內容賦予自我理解與詮釋的意義，並且儲存在腦海中。這個經驗就是一種基模。這就是後來的教學交易理論（Transactional Theory in the Teaching of Literature）。後來這樣的基模理論，除了應用在心理學及教育學外，更廣泛的應用於各類社會學的研究領域，如社會文化。

衆多的社會理論學者認爲，基模是來自於個人及其所接觸環境間的社會互動。這樣的論點與蘇聯心理學家維高斯基（Vygotsky, 1978; 1986）所倡議並強調社會和個人角色在文化發展通則是相同的重要。也就是說，認知學習的發展過程，是先從社會環境中人與人間的互動（Inter-Psychological，跨心理的），到個人層次（Intra-Psychological，內在心理的）；再從個人的內在心理逐步擴散朝外部跨心理的社會環境發展。根據此一認知學習的發展過程，社會心理學家既哲學家羅姆·哈雷（Harré, 1984）建立了一個兩個維度四個象限的哈雷（Harré）模型（圖 5-1）。

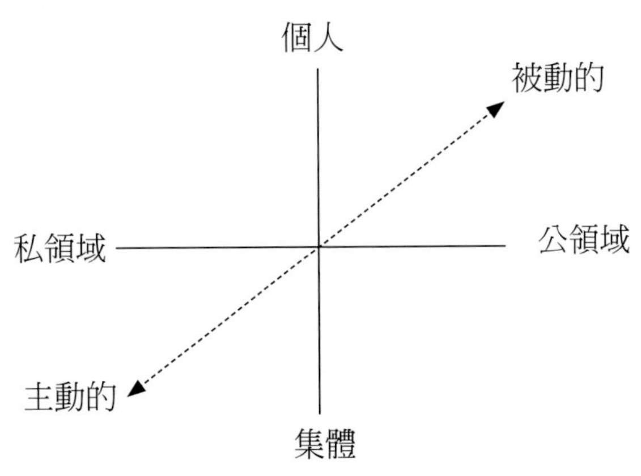

圖5-1　Rom Harré（哈雷）模型

資料來源：Rom Harré , R. (1984). Personal being: A theory for individual psychology. Cambridge, MA: Harvard University Press. P-23.

此模型的第一個維度是「公領域 <> 私領域（Pubic <> Private）。」公領域代表老師與學生及學們間的公開對話或揭露，亦既跨心理的互動；私領域則是學生自己內心的省思、感覺及理解等內化的程度，也就是內在心理的省思。第二個維度是「集體 <> 個人（Collective <> Individual）。」這部分的維度則某種程度表現出學生對於知識認知的轉換，是藉由與他人的互動或自我省思的過程。這兩個維度之間的關聯所呈現的是「主動跨越被動」關係與轉換的過程。

加韋萊克與拉斐爾（Gavelek & Raphael, 1996）等兩位學者於 1996 年整合哈雷（Harré, 1984）二維度模型，形成如圖 5-2 的維高斯基空間模型（Vygotsky Space Model）。學習者在任何的時間，其認知功能可以被基模性地歸納於發生時間的任一象限，包含了：公領域及私領域 <> 社會（集體）及個人等四個象限。每個象限均搭配學習者對所獲取知識其認知解讀的內心的狀態，如傳統或常規（Conventionalization）、接納（Appropriation）、轉換（Transformation）及公開（Publication）等。學習者的認知結構（即基模）在不同的象限中均呈現其獨特的特徵，且該結構在象限中的轉換是一種動態且不斷循環的交易過程。如下 4 個例子：

1. 學習者在教室（公領域）閱讀老師及學生上課所使用的教科書（傳統）。
2. 學習者在接受制式教育後，將在學校所學（接納）的知識透過與其它群體（社會）的接觸及討論。
3. 透過與其它群體討論的互動，學習者會對其所吸取的新知識進行自我思考（私領域）的程序，並對之前所接納的知識進行部分的調整（轉換）。
4. 當學習者（個人）再回到學校時，會將自己所消化吸收的知識與老師及同學們（公開）進行分享。

上述學習者知識建構的歷程讓學習者的認知在象限內經歷了內部及外部等感官與行為的互動。這些互動促進了一系列內部化與外部化重複且循環的學習歷程。

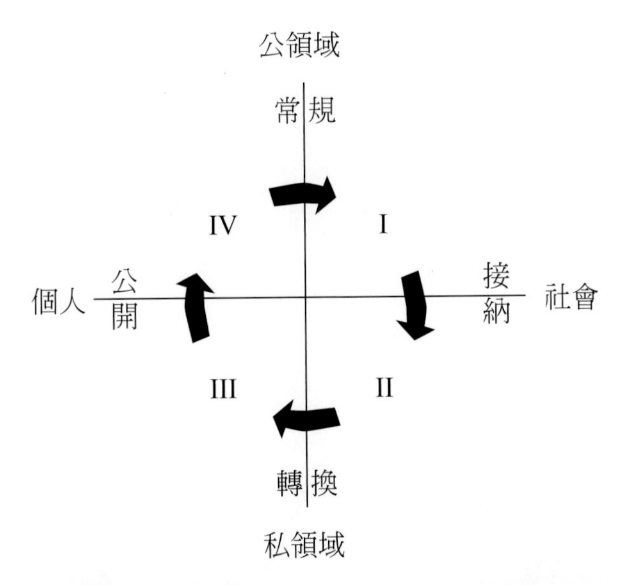

圖5-2　維高斯基（Vygotsky）空間模型

資料來源：Gavelek, J.R., and Raphael, T.E. (1996). Changing talk about text: new roles for teachers and students. Language Arts, 73 (March), 182-192. P-186.

接下來，我們再了解另一個由美國認知心理學者奈瑟爾（Neisser, 1976）於1976年發展的「知覺循環模型」（Perceptual Cycle Model，圖5-3）。此模型經常被學者應用於研究航空產業機師在駕駛艙飛行途中所面臨或經歷之各類無預期的狀況與相關的處理過程。知覺循環模型反映出基模與所謂新知互動的動態歷程。

知覺循環模型的動態歷程，一方面係從我們過去的經驗不斷地堆積開始，奈瑟爾（Neisser, 1976）視爲是一種「向上」發展的過程（BU-Bottom-Up Processing）；但當接觸到不熟悉或進入新環境探索時，人們的基模歷程就會進入所謂「向下」修正的感知過程（TD-Top-Down Processing）；若無明顯的差異，則會強化既有的基模；若發生明顯的差異，則會針對既有的基模（過去經驗）進行修正，再回到BU的起始循環階段。

舉例來說，消費者根據過去搭飛機的經驗，上飛機就會有小餅乾與濕紙巾拿，以及空服員微笑有禮貌等服務基模的認知結構。而當進入新環境探索時，會用TD過程模式在新環境中利用視覺、聽覺、觸覺等感官體驗進行知覺探索

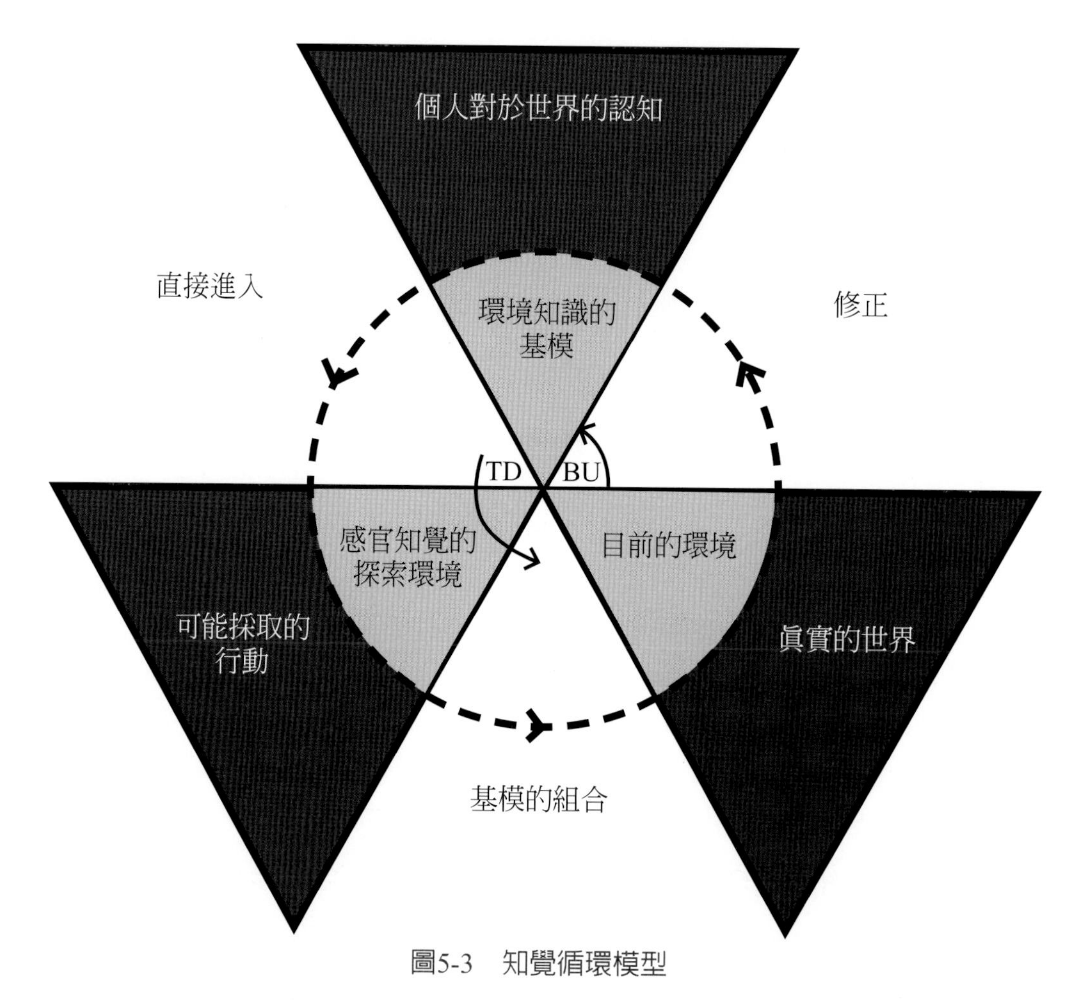

圖5-3 知覺循環模型

資料來源：Neisser, U. (1976). Cognition and Reality. W.H. Freeman and Company. San Francisco. P.21.

（Perceptual Exploration），進行比對的歷程，例如：搭了不同航空公司的班機，開始觀察有沒有送餅乾、濕紙巾、空服員是否有微笑、態度好嗎等等？若比對過程與過去經驗相符或無明顯的差異，就會強化目前的基模（即認定航空公司都應該提供這樣的服務）；若有其明顯的差異，則會在目前環境中蒐集資訊來調整既有的基模（即「某些航空公司不會」或「不是所有的航空公司會」提供類似的服務），最後透過 BU 的過程模式來建立新的基模（即不同的航空公司會提供不同的服務）。

5.3 結語

根據以上的討論，讀者應已清楚地了解到，無論是「腳本理論」或「知覺循環模型」，一定程度上可以視為一項由基模理論中所發展出來的「認知歷程」（Cognitive Process）。該歷程某種程度反應出服務場域中「服務流程」的基礎體現。消費者進入環境中的服務流程，透過不同感官系統的探索與心智中的基模進行交叉比對，也就是認知與感知間的動態互動過程，唯其互動過程中不具有情緒的觸發，只是單純的討論認知結構的變化。

即便是討論認知結構的差異，情緒的因素多少還是隱藏在我們的心理層面，或是在認知結構中需要增加甚麼樣的動能使能夠啓動情緒。

課後討論

1. 假設您要前往一家曾經去過的服務場域消費，請運用湯姆金斯所發展的「腳本理論」，創造出屬於自己的「腳本」。
2. 承上題的服務場域，請運用尚克及阿貝爾森所提出的「情境腳本」，根據所設想的要前往消費的服務場域，創造出屬於自己所預期設定的「情境腳本」，並根據實際狀況，找出所預期設定的差異。
3. 閱讀完本基模理論基礎，請試者用自己所理解的內容，並用簡單的言語或文字來闡述什麼是「基模」？
4. 請將哈雷模型所談論的基模理論，應用於第三章碧特納（Bitner）所提出服務場域概念性框架，並請說明基模在服務場域中的關鍵作用。
5. 試著回想曾經去過的服務場域及所留存的記憶，直到最近再次到訪該場域後，發現過去的記憶與現實狀況有些許的落差。請透過「知覺循環模型」的運作，說明新基模建立的過程。

參考文獻與資料

1. Bartlett, F.C. (1995). Remembering. New York: Cambridge University Press. (Original work published 1932)
2. Gavelek, J.R., & Raphael, T.E. (1996). Changing talk about text: New roles for teachers and students. Language Arts, Vol 73, 182-192.
3. Harré, R. (1984). Personal being: A theory for individual psychology. Cambridge, MA: Harvard University Press.
4. Holbrook, M.B. (1996). Customer value: A framework for analysis and research, Advance in Consumer Research, Vol 23, No 1, 138-142.
5. Kant, I. (1929). Critique of pure reason (N.K. Smith, Trans.). New York: Cambridge University Press.
6. Mehrabian, A., & Russell, J.A. (1974). An approach to environmental psychology. Cambridge, MA: Massachusetts Institute of Technology.
7. Neisser, U. (1976). Cognitive and reality. W.H. Freeman Company, San Francisco.
8. Parasuraman, A., Zeithaml, V.A., & Berry, L.L. (1988). SERVQUAL: A multiple-item scale for measuring consumer perceptions of service quality. Journal of Retailing, Vol 64, No 1, 12-40.
9. Piaget, J. (1952). The origins of intelligence in children (Margaret Cook, Trans). New York: International Universities Press
10. Piaget, J. (1971). Biology and Knowledge. Edinburgh University Press, Edinburgh.
11. Rosenblatt, L. M. (1978). The reader, the text, the poem: the transactional theory of the literary work. Carbondale: Southern Illinois University Press. (Original published in 1978)
12. Rosenblatt, L. M. (1989). Writing and reading transactional theory. In J. Mason (Ed.), Reading and writing connections (153-176). Boston: Allyn & Bacon.
13. Schank, R.C., & Abelson, R.P. (1977). Scripts, plans, goals and understanding. John Wiley and Sons, New York, NY.
14. Tomkins, S. S. (1978). Script theory: Differential magnification of affects. Nebraska Sympo-

sium on Motivation, 26, 201-236.

15. Tomkins, S. S. (1987). Script theory. In J. Aronoff, A. I. Rabin, & R. A. Zucker (Eds.), Michigan State University Henry A. Murray lectures in personality. The emergence of personality (147-276), Springer Publishing Co.
16. Vroom, V.H. (1964). Work and Motivation. Wiley, New York.
17. Vygotsky, L.S. (1978). Mind in society. Cambridge, MA: Harvard University Press.
18. Vygotsky, L.S. (1986). Thought and Language. Cambridge: MIT Press.

第六章

啓動情緒

★學習目標★

閱讀本章後，您應該可以了解與掌握

- 啓動情緒的四大關鍵因素
- 中央神經系統與自動神經系統對情緒啓發的差異
- 評估機制在情緒體驗過程中所形成的情緒反應
- 自動評估機制與延伸評估機制對引發情緒的意義

6.1 情緒啓動

本書藉由著名心理學者伊札德（Izard, 1993）於 1993 年所描繪「啓動情緒的多系統模型」（Multisystem Model of Emotion Activation）來說明情緒啓動的過程（圖 6-1）。伊札德（Izard, 1993）強調情緒在「認知結構」中被啓動需要具備四大要素，依序爲「神經系統（Neural）」、「感測運動系統（Sensormotor）」、「情感系統（Affective）」與「認知系統（Cognitive）」。通過這樣的過程，人們的「認知結構」才會轉換形成爲所謂的「情緒體驗」（Emotional Experience）。

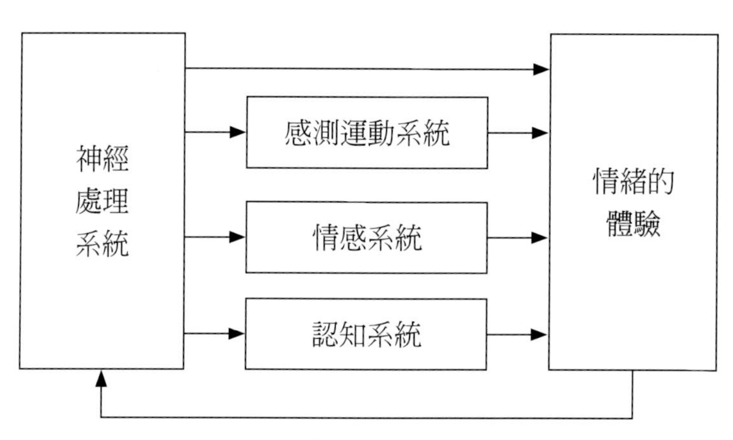

圖6-1 啓動情緒的多系統模型

資料來源：Izard, C.E. (1993). Four system for emotion activation: Cognitive and noncognitive processes. Psychological Review, 100 (1), 68-90. P-74.

1. 神經系統

伊札德（Izard, 1993; 2007）認爲直接與間接等兩種神經系統可誘發情緒的產生。直接神經系統就是情緒反應不需經過認知的過程；間接的神經系統需透過認知的過程才會有情緒的反應。美國心理學家保羅・艾克曼（Ekman, 1999）認爲情緒不僅是要表達即將發生信息同種類的六種基礎情緒反應，包含了喜樂、憤怒、悲傷、恐懼、厭惡與驚訝等，同時也具有因外在生理變化所導致的內心反應，致使產生不同的情緒狀態。

直接的神經系統爲「自動神經系統」，間接的神經系統則爲「中央神經系統」。簡單的說，自動神經系統受特定環境的刺激，致使無意識的立即產生（沒經過認知過程）同類型的情緒狀況。譬如說，人類看到獅子會無意識地立即感受到或表現出害怕的狀態。當然，自動神經系統也會因不同的社交文化因素產生不同的情緒反應，如參加婚禮感到高興、參加葬禮感到悲傷等。另一方面，中央神經系統相較於自動神經系統對情緒的反應與處理的過程就顯更爲的細緻與獨特。情緒在中央神經系統的組織及運作下，不僅表達出感受，更因爲內心的不同的記憶、圖像、期待與其它各種的認知活動，致使產生不同的情緒反應。這些隱藏在內心的記憶、圖像或是期待就是基模理論中的模板，需經過相關的認知活動，進而產生不同的情緒反應。

2. 感測運動系統

感測運動系統在啓動情緒模型中扮演了接收神經系統資訊所形成的生理反應，如臉部表情、姿態與行爲等。1951 年，布爾（Bull, 1951）學者提出「啓動情緒的運動 – 態度理論（Motor-Attitude Theory of Emotion Activation）」模型，其運動的順序爲「刺激 > 神經組織 > 身體的準備行動（運動態度）> 定向感覺或心智的態度 > 行動」。這種情緒的運動態度就是自動神經系動的反應。

3. 情感系統

情感系統（或有學者稱之爲動機系統或激發性系統）有別於自動神經系統的「刺激—回應」的轉換過程，是透過感測運動所偵測到的生理狀態，進行內心的調節進而產生情緒。這些內心調節的情感經歷可藉由前一章奈瑟爾（Neisser, 1976）的「知覺循環模型」TD 的基模運作過程來解釋。除此之外，湯姆金斯（Tomkins, 1962）提出的「天生的情緒激活理論」（Theory of Innate Activators of Emotions）強調，情緒調節具有「增強」、「不變」與「減弱」等三種不同層次的激活效果。也就是說，情感包含了生理的驅動以及情緒，在驅動情緒的過程中，可能是與生俱來的能力，也可能是經過學習的過程，進而激發另一種情緒的產生。

4. 認知系統

最後是認知系統。「評估」是阿諾德（Arnold, 1960）最早於 1960 年提出的理論，後經由拉札勒斯（Lazarus, 1966）在 1966 年的發展，闡述了爲什麼不同的個體在不同的場合或活動中，面對相同的事件，會顯露出不同的情緒反應。摩爾斯等學者（Moors, et al., 2013）認爲當代的評估理論，定義情緒是經由多個情緒情節（Emotional Episodes）的演化過程所形成的一種狀態的體現，其演化的動能則來自於情緒情節中的評估機制。當評估者在某個情緒的情節中偵測到或感知到多元資訊的同時所進行的評估過程，最後形塑成一個主要的認知結果，其結果導致後續的心理反應、行動傾向的強度、行爲及感受。此外，整體的情緒是經由數個情緒情節並透過非線性的評估結果，所形成的情緒體驗（Emotional Experience），這些評估的過程有些是無意識（直覺）的反應，有些則是透過感覺所形成有意識的反應。

6.2 效價評估機制

保羅・艾克曼（Ekman, 1999）相信效價評估機制可區分爲「自動的」與「延伸的」兩種。「自動的」評估機制在刺激與情緒間的反應時間是極爲短暫的，並有能力可以在很短的時間內立即決定該刺激是與哪種情緒有關，因此這類的評估是屬於自動的、無意識的或潛意識的反射動作。另一種「延伸的」評估機制則需經過複雜的、細膩的及有意識的處理機制，也就是對特定的情緒基模型進行「意義分析」（Meaning Analysis），包含了「比較、分類、推論、判斷、信仰、記憶及期望」或是進行社會的學習。

人們的效價評估機制在進入所謂的體驗過程中會根據其消費觸點情節的發生，依序產生一系列的情緒情節，並根據這些情緒情節的產生，進而產生所謂的評估結果。倘若在評估的過程中僅有少數的情緒情節產生運作（即發生反應），當下的體驗感受可能會形成相對無差異性的情緒反應，致使效價評估產生「無差異」或「無變化」的評估結果；若爲數不少的情緒情節或是某些關鍵性的情緒情節在評估的過程中產生顯著的運作，致使本次的體驗感受將形成顯著性或特殊性的情緒反應，進而產生「有差異」或「有變化」的評估結果。

前面章節提到，認知結構是單純地討論消費者對於特定基模的差異性與變化性。若將效價評估機制鑲崁於認知結構中，消費者會依據環境所提供的資訊，將不同的環境或依據發生的情節，融入或比較其認知的基模結構進行必要的評估與調整。在這個過程中，消費者會權衡其所經歷不同情節的情緒感受並進一步做出效價評估。

6.3 結語

根據伊札德（Izard, 1993; 2007）啓動情緒的模型及前面對於效價評估機制的討論，我們將這四個步驟總結歸納就是麥拉賓與羅素（Mehrabian & Russell, 1974）在其環境心理框架中的「情緒狀態」（Emotional States）。該狀態中的愉悅（Pleasure）、喚醒（Arousal）與支配（Dominance）因爲受到環境的刺激，會分別地在不同的情節中進行各自的互動，同時透過權衡及整合的評估過程，以形成最後的情緒體驗。然而，在伊札德（Izard, 1993; 2007）的情緒啓動模型中並未清楚地說明如何將不同的評估結果，在不同的情節中進行「權衡」或「整合」。我們將在下一章「情緒狀態」的章節中進行討論。

課後討論

1.請說明自動、中央神經系統之異同，並舉例說明。
2.根據啓動情緒的過程，請說明感測運動系統與自動神經系統的關聯性。
3.承上題，情感或動機系統對中央神經系統啓動情緒過程的關聯性。
4.情緒體驗的過程係由那些元素所構成的？
5.奈瑟爾所提出的「知覺循環模型」是否具有啓動情緒的動能？原因爲何？

參考文獻與資料

1. Arnold, M.B. (1960). Emotion and personality. New York, NY: Columbia University Press.
2. Bull, N. (1951). The attitude theory of emotion. New York: Coolidge Foundation.
3. Ekman, P. (1999). Basic Emotions. Handbook of Cognition and Emotion, Edited by T. Dalgleish and M. Power, John Wiley & Sons Ltd, 45-60.
4. Izard, C.E. (1993). Four systems for emotion activation: Cognitive and noncognitive processes. Psychological Review, Vol 100, No 1, 68-90.
5. Izard, C.E. (2007). Basic emotions, natural kinds, emotion schemas, and a new paradigm. Perspectives on Psychological Science, Vol 2, No 3 (Sep), 260-280.
6. Lazarus, R.S. (1966). Psychological stress and the coping process. New York: NY: McGraw-Hill.
7. Lazarus, R.S. (1991). Emotion and adaptation. New York, NY: Oxford University Press.
8. Mehrabian, A., & Russell, J.A. (1974). An approach to environmental psychology. Cambridge, MA: Massachusetts Institute of Technology.
9. Moors, A., Ellsworth, P.C., Schere, K.R., & Frijda, N.H. (2013). Appraisal theories of emotion: State of the art and future development. Emotion Review, Vol 5, No 2, 119-124.
10. Neisser, U. (1976). Cognitive and reality. W.H. Freeman Company, San Francisco.
11. Tomkins, S. S. (1962). Affect, imagery, consciousness: Vol. I. The positive affects. New York:

Springer.

12. Tomkins, S. S. (1987). Script theory. In J. Aronoff, A. I. Rabin, & R. A. Zucker (Eds.), Michigan State University Henry A. Murray lectures in personality. The emergence of personality (147-276), Springer Publishing Co.

第七章

情緒狀態

★學習目標★

閱讀本章後，您應該可以了解與掌握

- 了解情緒狀態之PAD情緒模型的內涵
- 「違反預期理論」對消費者與非語言溝通者間影響
- 「差異喚醒理論」對消費者與非語言溝通間喚醒程度差異的影響
- 「認知效價理論」對消費者與非語言溝通者，喚醒程度在六個認知基模中的運作及回應
- 消費者的支配行為在服務場域的流程中，可有效彰顯感知價值的效果
- 「寇拉維塔視覺主導效應」對感官支配的影響
- 了解三種感官支配互動假設的內涵與意義

7.1 PAD情緒模型

圖7-1 PAD情緒狀態模型

資料來源：Donovan, R.J., and Rossiter, J.R. (1982). Store atmosphere: An environmental psychology approach. Journal of Retailing, 58, 1 (34-57), P-42.

在行銷管理領域，多數學者認爲麥拉賓與羅素（Mehrabian & Russell, 1974; 1996）所發展的「PAD 情緒模型」，對於研究消費者在服務場域中之情緒狀態（Emotional States）的轉換與互動，具有相當的理論支撐（圖 7-1）。此模型已被學者廣泛地應用於服務產業，如行銷、零售業等。

愉悅（Pleasure）爲消費者在服務環境中所接受到環境刺激物的強度，所體現出面部表情的情緒反應。情緒包含了快樂、不快樂；高興、生氣；滿意、不滿意；滿足、憂鬱；希望、失望及輕鬆、無聊等正反兩極的情緒反應。面部表情則包含了微笑、大笑、哭泣、生氣等自然的流露。因此，愉悅在情緒狀態中的體現，屬於生理活動的反應。

喚醒（Arousal）則是透過生理活動的愉悅所反應出的心智狀態。生理活動反應係與環境中提供訊息刺激的強度有其關聯，包含了簡單的聲音，到任何新奇事物的呈現或是人際間的互動等，都有助於誘發喚醒的程度，如刺激、放鬆；興奮、冷靜及清醒、睡眠等。若說愉悅是生理活動的作用，那喚醒則是反應生理活動所形成的心理狀態。

支配（Dominance）是消費者對環境的掌控感，選擇感或是自主權。雖然支配在 PAD 情緒模型的討論可以用較狹隘地聚焦於對環境中的「控制感」或「自主選擇權」（Freedom of Choice）。但若以較爲廣義的角度來探討，支配可以被解釋爲消費者在消費環境中對服務流程或對特定事物的互動是否具有控制或調整的能力與影響力。

然而，後續許多學者的實證研究結果顯示，支配在服務環境中（尤其是有關零售業的觀察）對消費者情緒狀態中的愉悅與喚醒的影響並不顯著。支配的理論行爲似乎更像是一個相對獨立的變數，屬於消費者「認知」的領域，很難以單純情感反應來詮釋。後續的研究者便多不將該變數納入消費者情緒狀態的研究範疇。在本章中，作者會先對情緒狀態中有關愉悅與喚醒以及其間的影響關聯做討論，然後再對支配進行說明。

7.2 愉悅與喚醒的情緒連結

消費者的愉悅與喚醒，有一定程度是回應環境「連續性及情感性」的情緒連結（圖 7-2）。這些誘發喚醒的訊息取決於消費者本身對於情感期待的偏好及環境提供的訊息有關，更有助於喚醒消費者心理層面的情緒。所謂「偏好」就是哥倫比亞大學霍爾布魯克教授（Holbrook, 1996）對價值本質論述中的第三點，即消費者對於欲前往服務場域或對產品與服務所保持的情感期待及對價值的判斷，會影響該消費者的「喚醒」與「愉悅」程度的產生。因此，消費在特定環境所遭遇的情境，其情緒狀態中的愉悅與喚醒除具有交互的作用外，喚醒在愉悅的環境中還兼具強化正向的消費行爲，反之亦然。

情緒狀態中的喚醒在非語言溝通行爲學領域中有三個重要的理論，其共通點均爲討論非語言的即時性交換（Non-verbal Immediacy Exchange），這是一種接近行爲（Approach Behaviors），透過雙方互動增加感官的刺激，產生不同程度的喚醒行爲，進而降低彼此間身體與心理間人際距離。這三個理論分別是茱蒂．柏古恩（Burgoon, 1978; 1988）的「違反預期理論」（Expectancy Violations Theory, EVT）；卡培拉與格林（Cappella & Greene, 1982; 1984）的「差異喚醒理論」（Discrepancy Arousal Theory, DAT）；以及安德生（Anderson, 1985; 1998）

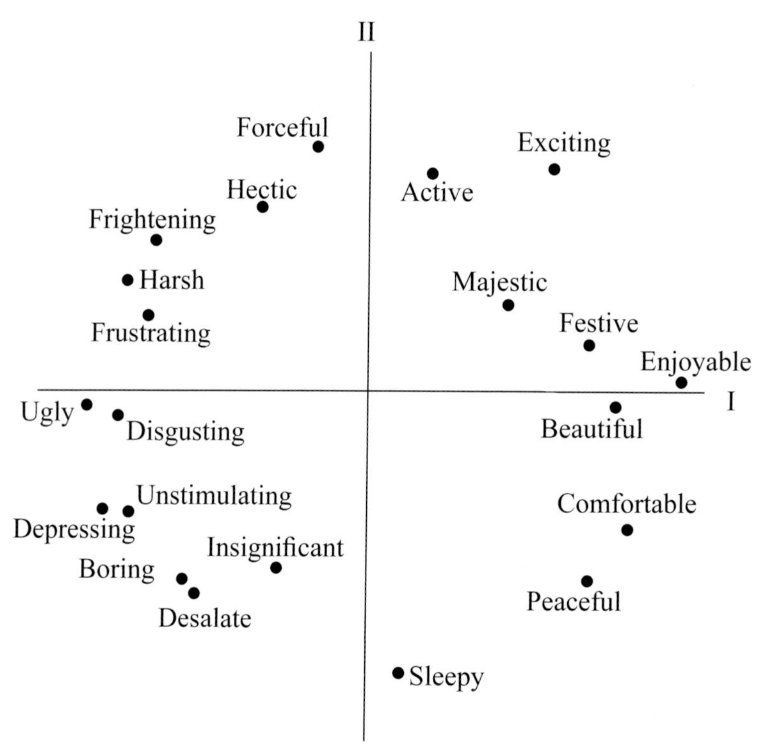

圖7-2　21組愉悅與喚醒的情緒質量

資料來源：Russell, J.A., and Pratt, G. (1980). A description of the affective quality attributed to environment. Journal of Personality and Social Psychology, 38 (Aug), 311-322, P-312.

的「認知效價理論」（Cognitive Valence Theory, CVT）。這些學者所提出的理論，主要是討論人際間的互動藉由適度及高即時的特定喚醒程度模式，得以預測正向性的互惠性（Reciprocity）或負向的報償性（Compensation）之行爲反應。

1. 違反預期理論

違反預期理論強調人們在互動時，針對溝通者所傳遞的非語言情感訊息，接收訊息方透過感知以預測彼此人際間遠近親疏距離（Proximate Distancing）的期待行爲表現。當溝通者所傳遞的情感訊息或表現與接收方的感知期望值產生不一致時，此時訊息接收方就會對該溝通者形成違反預期的距離行爲表現。也就是說，若溝通者所傳遞的情感訊息屬回饋價值（Reward Valence）之特質，接收訊息方則根據過去的經驗、經歷、觀察及社會約定成俗的行爲準則或規範，對該溝通者所傳遞的回饋價值或行爲表現留下良好的深刻印象，隨即觸發即時性誘導的喚醒增強效益，透過接收方對於溝通方的價值評估，以形成互惠性及親近距離的正向行爲表現，反之亦然。

舉例來說，大多數的政治人物都是學經歷豐富，西裝革履，風度翩翩及高高在上等特質。但某位行政首長因沒有高傲的學經歷、平時穿著也是一般般，這樣所散發的庶民人格特質，確實違反了選民心中對傳統政治人物的認知與期待。然而這樣的反差、缺點或不一致的行爲，反而讓選民認爲他很接地氣，很接近我們選民的日常生活，產生了情感的回饋價值，無意間喚起了對非主流的政治人物好感的效益，其人際關係間的親疏感無形間變的很親近，致使形成正向的互惠行爲。相形之下，若該政治人物或政黨所傳遞的情感屬不具回饋價值（Non-reward Valence），即時性誘導的喚醒效益將不會形成，致使人際間形成較遠的距離感，導致負面性的補償行爲。

2. 差異喚醒理論

差異喚醒理論強調訊息接收者在「特定情境」的規範中，對溝通者即時性行爲所發送的非語言訊息，是否符合訊息接收者的「預期心理」，差異愈大，引發的負面喚醒強度越強。也就是說，訊息接收者在特定的環境中對所接收到的喚醒強度，若是屬於適度增加或降低的範圍，在刺激與反應的過程中會誘發出趨於情感及互惠性的正向反應；相反的，若過高或過低的喚醒強度，則會導致趨於補償性的負面反應。因此，在刺激與反應的過程中，個人的價值偏好與特定對象的互動和經歷過的事物會形成不同程度的喚醒強度，將影響後續互惠或補償的情緒行爲反應。

這些喚醒的差異，一定程度反映出喚醒的強度。愉悅與喚醒在情緒狀態中分別呈現了情緒的品質與強度。德國著名心理學家雷森辛（Reisenzein, 1983; 1994）對情緒狀態中的愉悅與喚醒及品質與強度間進行了兩次的實證研究並總結出喚醒的強度取決於愉悅的感覺程度。具體而言，愉悅主要是取決於個人對環境評估後所誘發的感受品質；喚醒則完全取決於愉悅的感受程度與後續所引發行動傾向的強度。換句話說，若是環境中不具有誘發愉悅的品質效果，則喚醒的過程將不具啓發任何後續的情緒效果。因此，愉悅與喚醒間不僅具有因果的互動關係，更還具有情緒認知的理論基礎，也就是愉悅與喚醒間評估的互動模式。

3. 認知效價理論

愉悅與喚醒在情緒互動的過程中，同時也包含了數個情緒情節或基模所串聯而成的情緒狀態，該狀態稱之爲「本次的體驗感受」。然而，我們要問的是？「本次體驗感受」所形成的「情緒狀態」，是透過簡單的數學邏輯運算，將這些所有的情節（基模）「整合」加減而成的嗎？事實上，從愉悅到喚醒的過程，所經歷的每一個情緒的情節或基模中都具有評估的機制及效價評估的功能。根據彼得．安德生（Anderson, 1998）所提出的「認知效價理論」（CVT）得知，愉悅與喚醒的轉換過程透過了親近性（Intimacy）或即時性（Immediacy）的效應，進而產生人際距離間的正向或負向的回應。也就是說，當訊息接收者感知到並在處理溝通者所傳送的親近性訊息時，訊息接收方會依據喚醒強度啓動安德生所倡議的「六個認知基模」（Cognitive Schemata），據以反應對溝通者正向或負向人際距離的回應。這六個基模包含了：

(1)其行爲是否符合文化的規範（Cultural Appropriateness）

(2)人格特質（Personal Predispositions）

(3)人際間效價或報酬（Inter-personal Valence and Reward）

(4)彼此間的關係（Relational Appropriateness）

(5)是否符合當下的情境（Situational Appropriateness）

(6)短暫性的心理或生理狀態（Psychological or Physical States）

安德生（Anderson, 1998）認爲，當訊息接收者感知到溝通者所傳送的親近性或即時性訊息，誘導出過高或過低的即時性 / 親密性喚醒強度時，將會關閉「六個認知基模」的運作，導致彼此間負面及補償性的回應與關聯性。此外，若訊息接收者感知到並誘發出適度的（Moderate）喚醒強度時，將會開啓「六個認知基模」的認知運作，若基模評估的過程全都皆爲正向價值，才會產生所謂的親近性、互惠性的正向行爲回應；但若在評估的過程中，任何一個基模呈現負向價值，將導致產生排斥性或互補性的負面行爲反應（圖 7-3）。

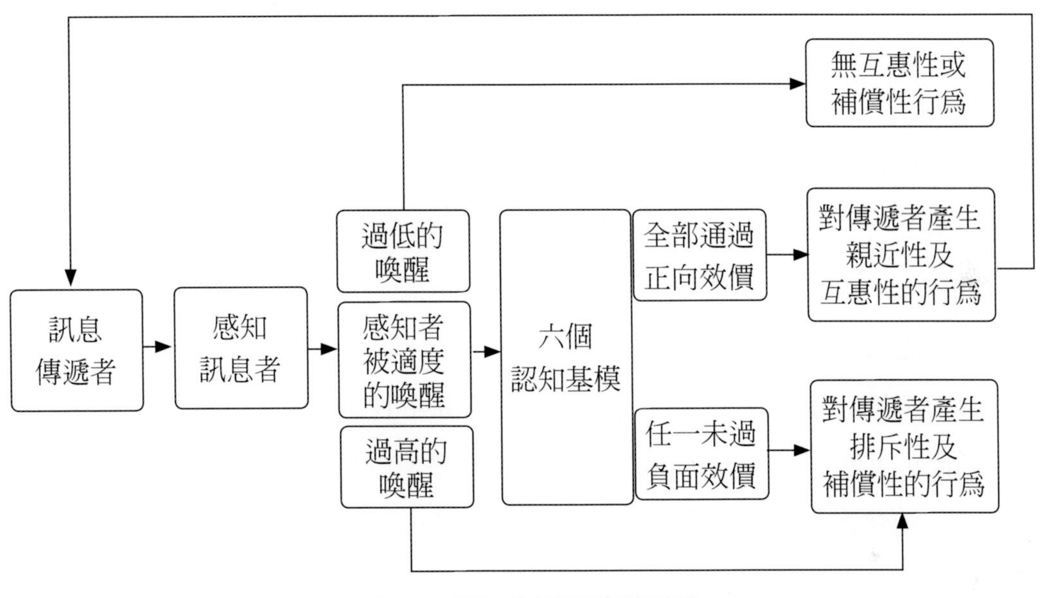

圖7-3　認知效價理論模型圖

資料來源：Anderson, P.A. (1998). The Cognitive valence theory of intimate communication. In M. Palmer (Ed.) Mutual influence in interpersonal communication: theory and research in cognitive, affective and behavior. Norwood, N.J: Ablex Publishing Corporation. 39-65, P-42.

安德生（Anderson, 1998）將「認知效價理論」、「差異喚醒理論」與「違反預期理論」等三個理論的論述進行實驗，其結果發現，差異喚醒理論在高即時性或親近性的喚醒模式，會產生正向（互惠性）及負向（補償性）的混和反應。類似的混和反應實驗結果也同樣發生在認知效價理論，當接收訊息者在認知評估的過程中發生部分的基模形成正向的價值回應，其它的則產生負向的價值。此外，違反預期理論的論述則與實驗結果相符，也就當同時發生適當及高的即時性時，會形成人際間定向的正面、互惠性及親近距離的反應。

根據以上的實驗結果，愉悅與喚醒在情緒狀態中的互動過程中，並非將每個情緒的情節或基模以數學的加減邏輯進行運算，而是根據高即時性喚醒強度及評估機制中的認知及效價對整體的情緒狀態進行衡量，進而生成情緒行爲的傾向。

7.3 支配

在 PAD 情緒模型發展的初期，支配的討論通常是聚焦於消費者對服務環境中所謂的「控制感」或「自主選擇權」。但探究麥拉賓與羅素（Mehrabian & Rusesll, 1974）對支配的論述發現，支配具有更深一層的意涵，即消費者在消費環境中對服務流程或對特定事物的互動，是否具有控制或調整的能力與影響力。這裡所討論的「能力」（Potency）泛指消費者在消費環境中所擁有的體力、智力或技能，可達到具有控制、操控或具有影響環境內各項元素或物件的能力。換句話說，消費者愈具有掌控或駕馭環境的能力，就愈能決定後續行動的行爲傾向。

即便過去實證研究的結果顯示，消費者的「支配行爲」在零售業的實體環境中，其自主權的情緒感受並無顯著的影響；亦無相關的研究或討論，企業如何透過或運用「支配」於服務流程中，使消費者能夠在服務場域中具有強化感知價值的效果。因此，若企業在服務場域中開放部分的服務流程，讓消費者實際地去感受與體驗企業所提供的產品與或服務，可有效地提升或影響他們對價值的感知程度及後續的行爲傾向。這部分的假設，有一定的程度呼應了彭思與碧特納（Booms & Bitner, 1982）所提出的行銷論點「企業應該在服務場域中多精心規劃些實體的物件（Tangible Cues），讓消費者可以看到企業所提供的服務（Intangible Cues），並藉由這些實體物件強化與消費者間的溝通。」

有鑑於此，無論消費者在服務場域中擁有多少的「支配」感知能力或企業在服務場域的流程中配置多寡「支配」的動能，其目的就是希望消費者透過感官知覺的「支配」能力，使能夠感知到企業對其產品與服務所倡議的價值主張。因此，情緒及感知範疇中的「支配」不應侷限於狹隘的掌控、支配或選擇權等，應從更廣義的角度將支配納入所謂「感官支配」（Sensory Dominance）的範疇內一併探討。如此消費者在環境中透過自身的感官支配對消費環境內的各項元素與物件進行必要的刻意操作，進一步引發感知、調整與效價評估，以決定後續的消費趨向。

消費者在服務場域中藉由企業所提供各項可支配的物件，並透過個人感官系統的刺激，如視覺、聽覺、嗅覺、味覺及觸覺等五官的感知過程，得以詮釋該物件所代表的價值意涵。感官支配源自於心理學領域，心理學學者寇拉維塔（Colavita, 1974）最早對人類感官支配的視覺及聽覺分別進行了四種不同情境的實驗。研究發現，視覺的刺激效果較聽覺更具有明顯的感知影響力，且視覺刺激將穩定主導後續的行爲傾向與決策。這樣的論述即爲著名的「寇拉維塔視覺主導效應」（Colavita Visual Dominance Effect）。

後續許多的心理學者依據寇拉維塔視覺主導效應理論將觸感分別納入雙重及多重感官的實驗。結果顯示，視覺仍主導了聽覺及觸覺的感知，但僅限於視覺與聽覺或觸覺的雙重感官。但若將三重感官同時一起刺激時，視覺支配的效果則不顯著。換句話說，我們的感官系統僅可在同一時間內處理兩種不同的感官刺激，根據此實驗的發現，威爾許與華倫（Welch & Warren, 1980）等心理學家提出了感官互動假設的三種機制：

1. 感官精準性假設（Modality Precision Hypothesis）：當接收到兩種不同的感官刺激時，感官系統會依據當下的情境，對其中的感官刺激進行較精準的支配。
2. 感官直覺性假設（Directed Attention Hypothesis）：強調視覺支配來自於身體的感受及肌肉運動的感受。
3. 感官適切性假設（Modality Appropriateness Hypothesis）：身體依據不同的時空環境，會針對當下所接收的感官訊息進行權重的分配。譬如說，視覺在空間活動內的權重及敏銳度，相較其它感官元素擁有絕對的主導（支配）程度；聽覺則在時間活動內擁有相當的支配程度及敏銳度。也就是說，當我們的多重感官在處理環境的刺激時，會選擇以最適切或最敏感的感官來詮釋對所感知的訊息賦予相對應的意義。

著名的設計學者希弗施泰英教授（Schifferstein, 2006）認為，產品設計除以功能取勝外，更應將美學設計的概念納入產品設計的範疇，讓消費者的感官系統產生正向的視覺主導衝擊效果。也就是說，人們都會比較相信自己所看見的物件，而不太確信自己所聽到、聞到或品嚐到的物件。這樣的論述在一項經典紅、白酒實驗中獲得印證。釀酒學生將葡萄酒杯中的白葡萄酒加入了有氣味的紅色染劑，儘管這杯酒的嗅覺及視覺提供了不一致的訊息，但酒的香氣對嗅覺區辨的影響不大。在這樣的情境線索連結下（感官適切性假設），視覺就完全支配並主導了嗅覺及味覺等感官系統。致使一杯白葡萄酒摻了香氣的紅色染劑，現場品嚐的侍酒師仍對這杯酒產生了「紅酒」的感官認知。

然而貝氏推論法（Bayesian Inference）對感官間的互動卻有不同的見解。該論點強調感官受到刺激後並不嚴格限制須與當下的環境進行連結（如感官適切性假設的論述），促使產生特定的感官支配能力。而是希望消費者可藉由過去的經驗來過濾及干擾不確定的感知訊息，以強化感官功能具有更敏銳的感知、解讀及主導能力。換句話說，人們的感官支配能力除透過感官適切性的評斷外，過去的經驗對感官功能的支配，仍具有關鍵性的感知解讀能力。

感官支配的功能對消費者而言，無論他們在實體或虛擬服務場域進行消費體驗時，對於物件的感知能力及感知過程，都會形成支配或主導性效果。相對的，企業為了要提供消費者能加速地感知到所提供產品與服務的價值，可以在實體或虛擬的服務場域中刻意地建置支配型的服務流程，用以影響消費者在服務場域中可以通過自我操弄的過程來主導所謂的「感官支配」，進而強化企業試圖要傳遞給消費者的價值感受。

7.4 結語

企業的價值主張取決於提供產品與服務的型態及高層策略性的決策，透過服務場域媒介的傳遞，試圖將其價值訴求轉化形成消費者所共鳴的感知價值。因此，價值主張與服務場域兩者間具有高度的關聯性。消費者在企業所刻意布置服務場域的消費（情境）過程中，會依據過去類似情境所累積的知識、經驗或慣例形成本次消費的期望腳本，並透過認知基模在建構過程中的刺激，致使在經歷服務情境的過程中產生不同階段及程度的情緒回饋。

企業若要強化消費者在服務場域中感知價值的程度，可開放部分的服務流程讓消費者進行實際的體驗。消費者透過企業所釋放出內部資源的「支配」能力，以啓發他們在情境中擁有多重感官的體驗，致使產生具有調節及增強情緒狀態中價值感知的效果。當消費者在服務場域中經歷轉換及調節效果所形成的正向情緒回饋，企業的價值主張與消費者價值感知，已形成某種程度的契合或共鳴的狀態。此時，企業的價值主張已傳遞到，並已轉化形成消費者的感知價值，反之則否。

課後討論

1.請簡述說明愉悅與喚醒間的運作及其互動關係。
2.請舉出一個你所看到的社會現象，該現象足以反映「違反預期理論」。
3.「差異喚醒理論」主要是談論當訊息接收者在特定情境或環境中對訊息提供者所提供之行爲是否在其可接受的預期範圍。請依據該理論的核心基礎，就目前您所了解的社會現象，用你自己的經驗來說明該理論的喚醒差異程度。
4.「認知效價理論」主要討論喚醒強度在認知基模中的運作，會產生不同的效價行爲反應。請問當訊息接收者感知到適度地喚醒強度（刺激），並進入認知結構中運作，在甚麼樣的條件下，會分別產生甚麼樣的效價效果？
5.請說明「寇拉維塔視覺主導效應」在加入觸覺的刺激後，哪一種感官的支配能力較強？原因爲何？
6.「感官適切性假設」強調消費者在特定情境下所受到的刺激，會誘發並主導獨特的感官系統，這樣的假設基礎與本章所討論的「差異喚醒理論」具有類似的論述。請以本章課文中所談論的紅白葡萄酒實驗，試這說明該實驗與「差異喚醒理論」的連結性。

7.試請說明，貝氏推論法應用在「感官適切性假設」知特定情境的運作模式，該運作模式如何與支配產生相關的連結性。

參考文獻與資料

1. Anderson, P.A. (1985). Nonverbal immediacy interpersonal communication. In A.W. Siegman & S. Feldstein (Eds.), Multichannel integrations of nonverbal behavior (pp.1-36). Hillsdale, NJ: Lawrence Erlbaum.
2. Anderson, P.A. (1998). A Cognitive valence theory of intimate communication. In M. Palmer (Ed.)Mutual influence in interpersonal communication: Theory and research in cognitive, affect and behavior. Norwood, NJ: Ablex.
3. Booms, B. H., & Bitner, M. J. (1982). Marketing services by managing the environment. Cornell Hotel and Restaurant Administration Quarterly, 23 (1), 35-40.
4. Burgoon, J.K. (1978). A communication model of personal space violations: Expectation and an initial test. Human Communication Research, 4, 129-142.
5. Burgoon, J.K., & Hale, J.L. (1988). Nonverbal expectancy violation: Model elaboration and application to immediacy behavior. Communication Monographs, 55, 58-79.
6. Burgoon, J.K., Magnenat-Thalman, N., Pantic, M., & Vinciarelli, A. (2017). Social Signal Processing. Cambridge University Press.
7. Cappella, J.N., & Greene, J.O. (1982). A discrepancy-arousal explanation of mutual influence in expressive behavior for adult and infant-adult interaction. Communication Monographs, 49, 89-114.
8. Cappella, J.N., & Greene, J.O. (1984). The effects of distance and individual differences in arousability on nonverbal involvement: A test of discrepancy-arousal theory. Journal of Nonverbal Behavior, 8, 259-286.

9. Colavita, F.B. (1974). Human sensory dominance. Perception and Psychophysics, Vol 16, No 2, 409-412.
10. Donovan, R.J., and Rossiter, J.R. (1982). Store atmosphere: An environmental psychology approach. Journal of Retailing, Vol 58, No 1, 34-57.
11. Holbrook, M.B. (1996). Customer value: A framework for analysis and research, Advance in Consumer Research, Vol 23, No 1, 138-142.
12. Mehrabian, A., & Russell, J.A. (1974). An approach to environmental psychology. Cambridge, MA: Massachusetts Institute of Technology.
13. Mehrabian, A. (1996). Pleasure-arousal-dominance: A general framework for describing and measuring individual differences in temperament. Current Psychology, Vol 14, No 4, 261-292.
14. Reisenzein, R. (1983). The Schachter theory of emotion: two decades latter. Psychological Bulletin, Vol 94, No 2, 239-264.
15. Reisenzein, R. (1994). Pleasure-Arousal theory and the intensity of emotions. Journal of Personality and Social Psychology, Vol 67, No 3, 525-539.
16. Russell, J.A., and Pratt, G. (1980). A description of the affective quality attributed to environment. Journal of Personality and Social Psychology, 38 (Aug), 311-322.
17. Schifferstein, H. N. (2006). The perceived importance of sensory modalities in product usage: A study of self-reports. Acta psychologica, 121 (1), 41-64.
18. Welch, R.B., & Warren, D.H. (1980). Immediate perceptual response to intersensory discrepancy. Psychological Bulletin, Vol 88, No 3, 638-667.

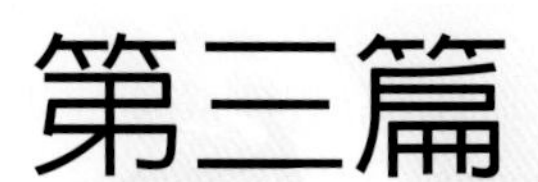

第三篇

連結企業價值主張到消費者價值感知

第三篇除了銜接前兩篇的理論基礎，其主要的目的是要介紹本書所發展的動態理論架構，並闡述企業要如何能夠連結企業價值主張到消費者的價值感知。本書認爲：對於服務與消費環境的規劃與建置，企業應以傳遞價值主張爲核心要素，提供消費者能夠感知企業價值的服務場域。除此之外，本書提出的企業價值感知模型揭示了企業價值主張傳遞與消費者感知價值的動態歷程。另外，此模型也以情緒支配的角度重新詮釋「支配」在消費者的情緒狀態轉換以及效價評估中的角色。

無論是實體或虛擬環境，服務場域不僅是銷售商品與交易的據點，服務場域的規劃與設置應具有策略性的意涵，應該將企業提供產品與服務的核心價值鑲嵌於服務場域的流程中。換言之，具有策略性意涵的服務場域，透過消費者、員工、商品與其它彰顯價值主張的元素與符號在服務流程中的互動，更能突顯與散發價值主張的訊號。本書所提出連結價值主張與消費者價值感知的動態歷程正是以系統化的方式描繪了這樣的互動過程。即，當消費者進入服務場域，透過企業服務流程（或情境）的引導與促使其價值感知的產生。

在本篇中，本書會先以企業價值轉化與傳遞爲題，概略介紹連結價值主張與消費者價值感知的動態歷程模型（第八章）。接下來會依序說明此模型的各項細節，包含：服務流程爲價值主張傳遞的載具（第九章）、價值感知傳遞的演進歷程（第十章）、支配的角色（第十一章），以及價值共鳴（第十二章）。

第八章

企業價值轉化與傳遞

★學習目標★

閱讀本章後，您應該可以了解與掌握

- 企業轉化價值主張至消費者價值感知動態循環的模型
- 微觀情緒情節的動態循環過程
- 體現中觀體驗感受的動態循環歷程
- 形成宏觀價值感知的動態循環歷程
- 產生價值共鳴的動態循環歷程

價值主張是企業對消費者所倡議的承諾，也是區隔與其它競爭者的優勢基礎，更是一種無形的價值體現。所謂的服務場域，可以被視爲「實體環境」與「服務情境」的組合，也就是消費與交易場域所謂硬體與軟體的組合。企業如果有其策略意圖要促進消費者對其價值主張的感知，需要在實體環境中投入必要的資源與設施，同時可以藉由企業內部的訓練，使得員工對於所提供產品與服務的資訊與細節更爲了解。甚至是通過服務的過程適當地蒐集消費者行爲資訊，進一步作爲調整服務環境的配置與流程。

有一個例子可以幫助理解這樣的概念。以大多數的產業而言，企業的產品與服務通常是其價值聚焦的核心所在。也就是說，一個企業的價值主張通常會以該企業的產品或服務做爲核心元素來進行設計。如果企業可以通過策略性的，細膩的規劃來設計服務場域與服務觸點情境，適當地誘發顧客在交易的過程中對其產品與服務產生正向的情緒轉化與效價評估。與此同時，包裹產品與服務的價值主張就能夠利用服務流程做爲載具適時地傳遞給消費者。

上述的說明有一項特殊的關鍵所在，即消費者情緒狀態的轉換。這一點也是本書所發展之連結價值主張與消費者價值感知的動態歷程模型之核心所在。此一模型的發展說明了消費者情緒狀態的轉換是賦予其價值認知的傳遞動能。而這樣的動態過程，本書透過此模型將其系統化的剖析，包含了微觀（Micro）、中觀（Meso）、宏觀（Macro），以及價值共鳴等四種不同層次的循環演進過程。本書依據此四種不同層次的價值感知動態循環歷程逐步的描繪出整體的「企業轉化價值主張至消費者價值感知的動態循環」流程框架[1]，簡稱「價值傳遞與感知框架」（圖 8-1），用以說明企業價值主張傳遞到消費者的動態過程。

1 英文：The Conceptual Framework of Dynamic and Processual Schema for Delivering Value Propositions to Value Perception.

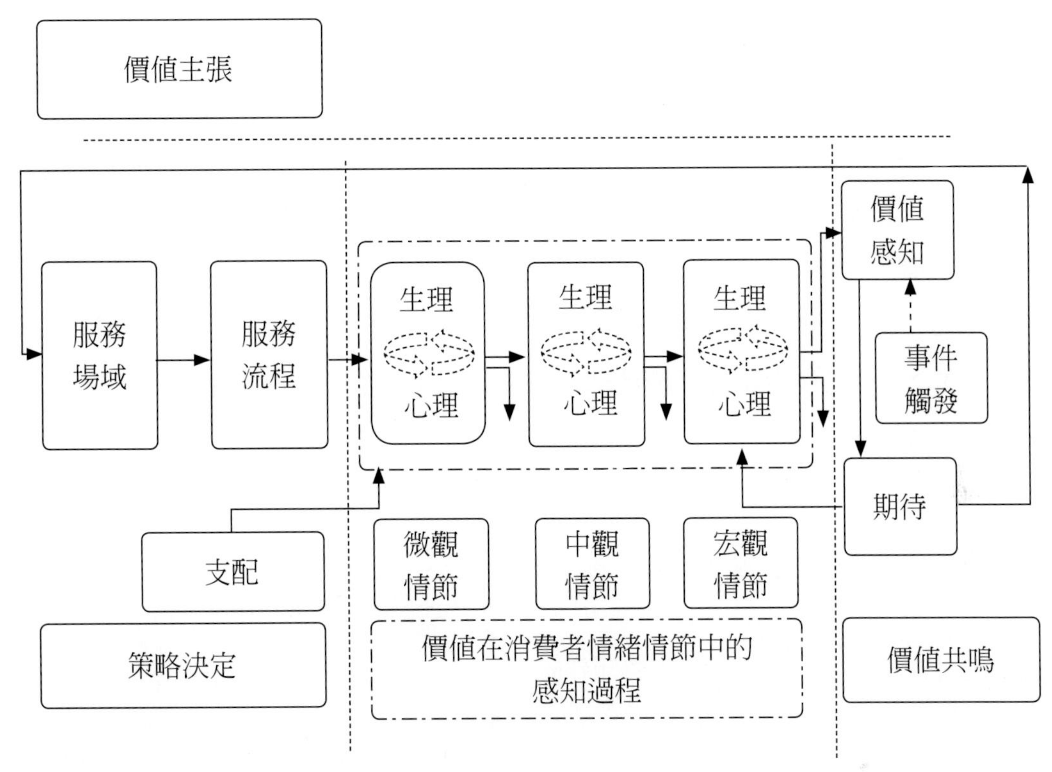

圖8-1　企業轉化價值主張至消費者價值感知的動態循環理論模型

資料來源：作者整理

8.1 微觀的情緒情節

微觀的情緒情節反映出能否將企業價值主張順利傳遞至消費者，並產生價值感知的重要關鍵過程。消費者在企業所刻意規劃的服務情境中，其生理感官受到特定物件（情節）的刺激，產生有意識或無意識的心理認知反應，其生理刺激與心理認知之間的互動，再經由主觀的效價評估機制形成趨近或趨避的情緒傾向。當趨近的情緒傾向在特定的情節形成時，會同時賦予或引發該情節獨特的意義。如某種壽司特別好吃（正面情緒情節）、APP 的操作介面使用流暢（正面情緒情節）、吧檯桌上有蟑螂等事件（負面情緒情節）。在這些特定事件發生的過程中，消費者感官刺激與心理認知（可能是有意識，也或許是無意識的）之間的交互作用會是觸動消費者效價評估的關鍵。

微觀的情緒情節反映出人類「生理」與「心理」之間的互動。生理受到環境的刺激所產生的基本情緒，進而誘發出心理的情緒認知。在微觀情緒片段的最後，人們會對每個情節的情緒體驗給予適當的效價評估並作出反應，即情緒效價的產生。情緒效價在微觀情節機制中反映出人們對情節的喜好程度，也通常是基於個體過去對特定的經歷和記憶，也就是留存在人們內心的「基模」。這樣的過程（圖 8-2），是作者發展「價值傳遞與感知框架」的價值微觀感知與動態循環的重要基礎。

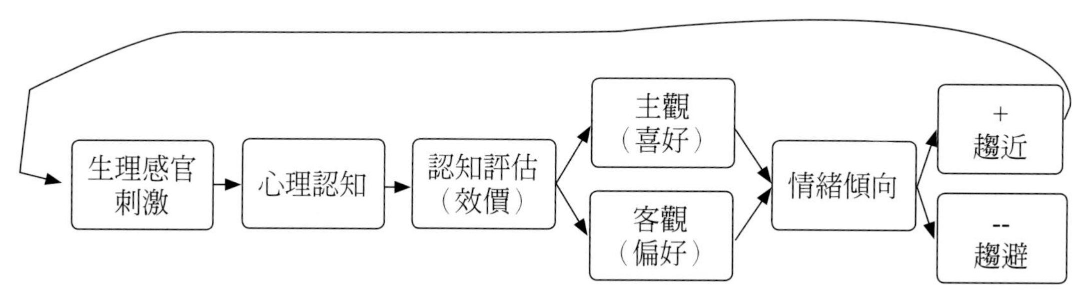

圖8-2　單一情緒情節在情緒狀態中的微觀動態循環

資料來源：作者整理

8.2 中觀的體驗感受

消費者透過「微觀循環」的刺激，對本次（或當下）消費體驗的感受具有某種關鍵性的指標意涵。這裡所謂的「微觀循環」要表達的是多個或是一系列微觀情緒情節的組合。例如，今天晚上去某個餐廳用餐時，在當下所發生的情緒情節的組合。在本書中，我們將其稱之為「中觀體驗」，其所代表的就是「本次消費體驗」或「當下消費體驗」。事實上，在微觀循環的動態歷程中，消費者在不同的情節之中進行多重感官支配的操作及感知的互動，並透過大腦不停的運轉、思考、產生認知與過濾各個情緒情節，進而產生了對某次消費體驗的感受 – 也就是本書所稱之效價評估。更進一步，該消費者也會在一定程度產生對該餐廳（企業）價值的連結，甚或是共鳴。

消費者的中觀體驗感受並非是將其所經歷的各個情緒情節的結果，以簡單的數學邏輯進行加總。消費者係依據其當下所經歷的數個微觀情節經過效價評估的機制，形成消費者本次主觀及理性的體驗感受。然而，消費者若在本次體驗的過程中，若對某個特殊的情節有其關鍵的效價評估結果，該情節可能足以抵銷或是推翻其它情節所累積的體驗感受，導致本次的體驗及情緒傾向朝相反的方向發展。例如，某個消費者在一家高級的餐廳的吧檯上看到有蟑螂爬來爬去，即使她（他）對每一樣的菜色或餐點都覺得非常好吃、滿意（可能會有趨近的行爲反應），她（他）也可能會對本次的體驗大打折扣，甚至給與負面的評價（可能產生趨避的行爲反應）。

8.3 宏觀的價值感知

宏觀的價值感知是消費者對某個特定對象（企業）的整體的或概化性的價值認知。宏觀的價值認知是以消費者的中觀體驗感受爲基礎，但是在價值感知生成的同時亦涵蓋消費者過去的經驗知覺，或是她（他）在企業所提供之服務場域外所蒐集到的資訊。消費者過去的「經驗知覺」所代表的是她（他）類似或是同一個服務場域曾經有過消費的經歷；另外，通過其它管道所蒐集到的資訊而產生的「資訊知覺」，消費者可能通過她（他）的親朋好友的經歷、同事的口耳相傳、社群平台、媒體廣告或該企業的官網來蒐集相關資訊。

從作者的觀察，其實在宏觀的價值感知的產生過程中，如果涉及到消費者資訊知覺的生成，消費者依然會歷經「微觀循環」的感官刺激、心理認知及效價評估等過程。也就是說，即使是在服務場域之外，消費者在蒐集與消化各式各樣的資訊的過程中，她（他）其實也是針對不同的資訊或經由主觀的篩選，通過視覺或是聽覺以及大腦的思考，進行產生或建構可能較爲客觀或感性的價值認知。回到宏觀的價值感知產生的過程之中，消費者帶著她（他）過去的經驗知覺或是她（他）的資訊知覺進入到某企業的服務場域進行消費，融合她（他）所歷經的「中觀體驗」就會引發她（他）的宏觀價值感知。

8.4 價值共鳴

企業對消費者所倡議的價值主張並非短暫的。相反的，企業價值的體現需要經過消費者長時間的驗證以及經歷市場競爭的考驗，才能顯示企業價值主張在市場的共鳴程度。事實上，消費者對於某個企業的宏觀價值感知可以廣義的理解成消費者對該企業的價值感。差異在於宏觀價值感知是融合上述所謂中觀的體驗感受以及經驗知覺或資訊知覺；而消費者一般對於企業的價值感可能是過去宏觀價值感知的印象延續或殘留，或僅僅由她（他）的經驗知覺或資訊知覺所建構而成。

當事件觸發，如同事相約到某個餐廳聚餐，消費者需要再一次返回某個她（他）曾經去過的服務場域時。此時她（他）對那一家餐飲的價值感（經驗知覺）會被誘發而喚醒，進而形成「期待值」。但若消費者必須到訪未曾去過的服務場域時，可能也會根據她（他）的資訊知覺，產生所謂初始的「期待感」。而當進入服務場域之後，她（他）的期待感透過價值感知的動態循環歷程（即前述微觀、中觀與宏觀的體驗歷程），形成對該企業最新的價值感受，某種程度而言，真實的價值共鳴感就產生了。

8.5 結語

四種不同層次的「價值感知動態循環」歷程包含微觀的情緒情節、中觀的體驗感受、宏觀的價值感知與價值共鳴。這些價值感知動態循環的歷程構築了本書對於消費者價值感知與企業如何傳遞價值主張的系統邏輯。其中，整體分析框架的系統邏輯，嚴格而言，可以說是以「微觀情緒情節循環」作爲分析情緒感知與行爲回應的基礎單元，並且以此邏輯在不同的感知層次上去了解消費者如進行對環境元素與資訊的篩選、萃取、建構、驗證與評估。

無論是虛擬或實體，企業或店鋪如果能夠充分理解與應用「價值傳遞與感知框架」來規劃與建制其服務環境與流程，其目標客群在一定程度上，無論是有意識或無意識地，能夠感知到企業所倡議的價值主張。

第九章

服務流程為價值主張傳遞的載具

★學習目標★

閱讀本章後，您應該可以了解與掌握

- 服務流程作為企業價值主張傳遞的載具
- 經濟型價值主張的服務環境與流程的設計
- 功能型價值主張的服務環境與流程的設計
- 情緒型價值主張的服務環境與流程的設計
- 象徵型價值主張的服務環境與流程的設計

除了價值主張本身在企業商業模式之中扮演了價值驅動的核心角色，服務場域是企業與消費者發生互動的所在，即交易活動發生的地方，則被視爲商業模式中「通路」的一項典型的微觀基礎。**在本書所建構的「價值傳遞與感知框架」理論中，我們將企業與消費者發生交易與互動的服務場域視爲企業傳遞價值主張的重要載具**。

一定程度地，企業倡議價值主張會以產品或服務爲核心。無論是在實體或虛擬的服務場域中，在交易或服務的環境中，服務流程的設計必然且細膩的融入產品或服務相關的元素，同時試圖觸發消費者感官的刺激，致使對產品或服務產生延續性及感知性的心理反應，進而促進消費者的正向行爲。企業對於價值主張與產品的直觀或客觀的連結，多數環繞產品或服務的獨特性，某種程度反映出「性價比」、「體現尊榮」、「新鮮」、「愉悅感（Hedonic）」或「啓發靈感（Inspiration）」等。雖然這些特性互相獨立，但也相互影響。

如同我們在第一章之中對於價值主張的介紹與討論，理論上企業價值主張可以區分爲經濟型、功能型、情緒型與象徵型等四種不同層次的屬性。在滿足企業目前與潛在消費族群的認同與需求，大多數的企業會提供營造與倡議所謂複合型態的價值主張。然而，所謂價值，對於企業與消費者卻有著截然不同的體現。企業強調傳遞價值，而消費者則主動或被動感知價值。一方面，企業爲尋求獲利的極大化，企業對消費者的價值承諾必須要在服務場域體現出來；另一方面，消費者或可尋求需求或實用利益的最大化，消費者依循企業的指引在服務環境體驗企業所提供之有形或無形的線索來感知價值的存在。

9.1 經濟型價值主張反映性價比

美式量販賣場 Costco 的價值主張高度呼應了「性價比」的特徵。Costco 堅持提供會員「最低價與高品質」的價值訴求。爲傳達此價值的訴求，Costco 全球賣場的陳設與裝潢多以一層樓的工業倉儲爲標準建置。樓地板採用未經裝飾的強化水泥地，所有的商品都放在棧板上，並以工業用的貨價陳列，但仍提供會員優於其它零售業之便利、寬廣及舒適的消費動線。另外，Costco 只提供會員最佳的商品品牌，致使庫存商品項目也只有 3,500 多個品項，可有效降低公司的營運費用。Costco 在賣場的種種規劃都是爲了要盡可能地降低營運的成本來提升會員所謂性價比的購物體驗。

台灣 Costco 黃經理在接受本書作者的訪談中曾提到，Costco 美國總公司對於賣場的服務流程有一套非常詳細的設計與規劃；這個規劃就是要盡可能地滿足對所有會員「盡可能的最低價」（The Possible Lowest Price）的承諾。黃經理說：

> 我們會去精算怎麼樣的賣場設計或服務流程可以降低營運成本。你可以看到，我們賣場的地板沒有鋪地磚，維護成本低，賣場的設計也堅持只有一個樓層。這樣我們只需最少數量的機具設備（例如 Forklifts 或洗地機）來運作或維護，同時也方便會員的消費及退貨動線。我們也要求供應商對所提供的商品都必須以符合經濟的包裝來呈現。如此，可以降低賣場人員打包的時間以及廠商運送的成本。這些節省下來的人力及流程的順暢，我們都會回饋給我們的會員們以達到我們對會員低價的承諾。

我們再以台灣宜家家居（IKEA）爲例來說明上述的論點。IKEA 提供一種沒有壓迫感（Non-threatening）的購物環境及與 Costco 相仿的性價比價值訴求。IKEA 也是以倉庫的方式來展示家具產品，並將各類型家具的特色、尺寸資訊與功能在賣場中呈現出來。另外，IKEA 所有的家具都以「平整化包裝」，方便消費者自己載運回家。IKEA 台灣區集團董事 Martin Lindström 先生強調，IKEA 家具商品設計必需滿足「大眾化設計」（Democratic Design）的要求，反映出商品性價比的價值訴求：

> *We have a "long way" around the store, that is we forcing you to go*

*around the store, forcing you because lots of things here, we want to exhibit them to you, and all our products in our store attached to enough information, such as the price tag and size measurement, you know the cost,... you can control my budget, so you don't need to speak to our staff. But, if you need help, of course, we will provide it. Indeed, every product of ours should have what we call "**democratic design**," which consists of 5 areas, function, quality, form, sustainability, and low price. So, all products get designing must fulfill those five areas; otherwise, we won't sell them.*

（中文翻譯：在我們的店裡有很長的購物「路徑」，其實就是逼著你去逛，因爲在店裡有很多的商品東西要展示給你看。同時，我們所有的商品附有非常充分的訊息。像是，價格標籤與商品的尺寸規格等資訊。如果您知道成本資訊，您就可以控制購買的預算，所以您不需要找我們的員工詢問。但如果您需要幫助，我們當然會提供。的確，我們的每一件產品都應該有我們所謂的**「大眾化設計」**的特質。它包含了功能、品質、形式、可持續性和低價等五項特質。所以，所有設計的產品都必須要滿足這五項特質；否則，我們不會銷售這些不符合「大眾化設計」的商品。）

無論 IKEA 或 Costco，二者的價值主張都含有商品的性價比的特質。除了營運效益之外，在設計傳遞價值主張的途徑上，IKEA 更在服務環境裡試圖融合它所強調的服務核心思維——「無壓迫感」的賣場環境與服務動線規劃。例如，IKEA 將所有商品的購買資訊很自然地融入於賣場環境中，顧客可主動地或相當自在地「蒐集」與「了解」商品資訊；相對地，對於服務人員的服務需求也降低許多，使致 IKEA 一方面減少賣場服務人員的數量，降低人事成本；另一方面，賣場現場人員可以專注在其它庫存或賣場管理的工作，增加企業流程的效益。

9.2 功能型價值主張反映消費者需求

轉換一下場景，我們來看一下汽車銷售的服務情景。相較於 Costco 與 IKEA，由於銷售汽車與相關商品的種類非常少，汽車銷售與展示的服務環境看似單純，但事實並非像表面看到的一樣。從價值取向的傳遞而論，對於汽車展場與服務流程的規劃，汽車銷售商必須思考，如何在有限的展場空間內才能突顯出產品的價值取向。

以本書收錄個案福斯汽車爲例，從台灣太古汽車代理德國福斯汽車的時期，就計畫逐步的要將福斯品牌形塑爲「德國汽車工藝及平易人的價格」。直到德國福斯原廠進駐，並接手台灣直接代理後，更規範全台福斯汽車展銷中心須具備一定的坪數面積，便於陳列不同的車型及提供車主專屬的交車室，試圖透過「展銷中心」的規格升級，讓車主可有效的感知到企業所試圖傳遞出高貴不貴的品牌價值。

從作者近距離觀察數個福斯汽車的展售中心，除了通過產品本身的創新感與科技感來突顯產品本身的功能型價值主張，福斯汽車亦能夠有效地利用在展場中的銷售車型營造出以產品爲核心的服務流程，直觀地展現消費者的需求。福斯汽車內湖展售中心的白總經理表示：

> 根據德國福斯原廠對台灣經銷商的規範，展場必須依據車型來規劃不同的情境設計，如家庭區、性能區與生活玩家區等場景。生活玩家區只會展示旅行車系列。在車頂會安置車頂架，展示區的周邊會擺放腳踏車或衝浪板，地毯可以裝飾爲沙灘的情景，讓車主置身於「休閒」的情境之中……旁邊會展示其它車型的情境，讓車主可以做一個比較……我們便可以很明確的了解車主是否需要這類的車型。

在台灣，福斯汽車已然成功地將福斯的汽車品牌形塑爲高端與尊榮的形象。白總經理補充說道：這是福斯汽車在其它國家所看不到的獨特現象。

此外，福斯還規範我們必須要有專屬的交車室……，我們也提供汽車專業技能與銷售的技巧給我們的銷售人員來配合整體的服務流程與銷售環境。這些規範與設計，在台灣，都是要將福斯打造成爲高端品牌的象徵，讓客人有受尊榮、一致性及物超所值的感覺。

9.3 情緒型價值主張反映消費者的體驗與感受

情緒型意味著企業可以通過在服務環境或流程之中所刻意安排的刺激物來喚醒消費者的正向情緒，進而感知企業意圖要釋放或傳遞的價值訊息。而整個過程反映的就是消費者的體驗過程。也正因爲如此，有越來越多的企業開始重視顧客經驗管理。尤其是服務型企業，必須要在服務場域中安排具有情緒操作的價值體驗，要讓消費者的情緒體驗在可受管理的系統中被有效引導。特別是那些強調產品（或服務）價值的企業，在它們的服務流程之中更應該適當地安排或創造各式各樣有形或無形的線索來導引顧客多重感官的刺激，進而觸發情感的體驗。在顧客沉浸在服務的同時，企業能夠傳達產品獨特的意涵。在本書的個案之中，饗食天堂自助餐廳、中華航空與 IKEA 在它們的服務環境中都刻意營造產品力的呈現，努力將它們的服務場域塑造成產品價值向外擴散的管道。

饗食天堂是台灣著名的連鎖自助餐廳。饗食天堂在消費者的用餐環境中提供了多樣化的產品與開放式廚房的秀廚活動（Showmanship），企圖要傳達「饗以盛宴、賓至如歸」的價值主張。饗食天堂陳董事長在接受作者的訪談中表示，饗食天堂所呈現出的餐點不僅美味，更要能夠帶給消費者視覺上的震撼，讓他們覺得饗食天堂所提供的餐點是「很專業、很豐富、也很新鮮」。他說：

我們發現客人很喜歡看廚師做菜。這就像是我們小時候站在媽媽後面看她煮飯一樣的道理，所以「秀廚」就是基於這個理念所設計出來的……，我們的客人會站在餐檯前面看廚師烹調蛤蠣湯，並期待能夠親眼看到蛤蠣在砂鍋中開口的那一瞬間，他們就會覺得這餐點很新鮮……。我們在很多菜色的旁邊也會提供履歷的立牌，讓饕客能夠了解我們所提供餐點原料的產區、新鮮及稀有等資訊。

IKEA 除了提供舒適的購物環境，友善的停車空間外，還特別陳設各類型居家布置的展示間。IKEA 此舉乃是企圖通過直觀的居家擺設來誘發消費者如何能夠利用 IKEA 的家具來布置居家陳設的靈感。Lindström 先生強調，雖然「大眾化設計」的理念使得 IKEA 家具略微呈現不具流行感與樸實的感覺，但是通過 IKEA 家具展示間對某些特定居家環境的組合搭配與設計（如客廳、書房、臥房、廚房等），更能夠激發消費者的居家布置的創意。Lindström 先生接著說明：

We are actually selling home furnishings inspiration knowledge and experience. We have different styles of room settings, and we want to show you different styles, ... So we want to trigger feeling on you, we are not telling/ asking you what style do you like....when you go around in the store, we want to yield the feeling from you, if you were coming up the feeling and said, "I love/ hate this room setting," or "the blue color on the wall is a great color, and I would like to have that at home" if they buy nothing here and go from here to buy paints, I have made succeed because I am making people interested in their home,... and also to create a better everyday life for the many people.

（中文翻譯：實際上，我們是銷售家居靈感、知識和經驗的家具商。我們有不同風格的房間設置，我們想向您展示不同風格的居家環境設計與家具搭配，……所以我們想觸發您的感覺，我們不是要告訴或想要問您，您所喜歡什麼樣的居家風格。……當你在我們的賣場中四處逛逛的時後，其實我們想從您那裡得到您對這些居家布置的想法。如果您提出的感覺是「我喜歡、討厭這種房間的設置」或「這藍色的牆面很好看，我想有那樣的布置在家裡面。」就算客人什麼都不買，就只是去買了罐藍色的油漆。其實，我已經成功了。因爲我讓人們對他們的家的居家布置有興趣，甚至是有靈感，……這樣也能夠爲許多人創造更美好的居家生活。）

現在我們把場景轉換到虛擬世界之中。當然，以現階段互聯網科技的基礎所建置的虛擬的交易或服務場域，通過電腦螢幕、鍵盤與滑鼠來進行所謂的「逛街」與「交易」，消費者基本上一定會有著不同的「感官體驗」。但通過作者對momo購物網的觀察，相較於前述實體場域之案例（如饗食天堂和IKEA等），事實上網路消費者在虛擬服務場域之中仍然可以感受到企業所要傳遞的價值主張。

momo購物網無論在電腦網頁或手機的使用者介面均以網路使用者的視覺瀏覽與操作習性爲重要的參考指標來進行設計。同時，在電商的經營平台上，momo購物網充分地槓桿過去在電視購物的經驗，讓網路消費者在虛擬通路消費的過程中，一樣可感受到「生活大小事、都是momo的事」的價值訴求。momo的受訪者說：

公司對網頁及APP的要求是介面及功能一定要好用。更重要的是，在重要節慶活動，如雙11，絕對是不能當機的。於是我們的IT團隊就改變UI（User Interface，使用者界面）的設計導向，從消費者的習慣與喜好去調整。……例如，爲了讓消費者在逛網路挑選商品的時候能有更清楚的認識，我們透過影音傳播以「展演」的方式讓消費者對該商品有一個「暫存的想像空間」。而且那樣的空間必須要能貼近她的生活，讓她有想像的空間。……爲了幫消費者形塑這個想像空間，我們對商品的販售都有一套公式，……我們也鑽研其中的道理。如服裝我們賣「美麗」；宗教賣「信念」，透過法力（老師的加持）、法器（透過什麼道具來當媒介）及法效（會帶來什麼效果）等來包裝及強化購買者的信仰；最後再加上優惠價格與方案，以及快速到貨等服務，這些都是我們能夠滿足或吸引網路消費者的主因。

受訪者同時也強調，對於生活用品，在 momo 沒有你買不到的東西，而且還都是「物美價廉」的商品。除此之外，momo 的 APP 提供了精準的商品分類和快速查找的功能。在瀏覽商品的過程中，還有同類型但不同規格的商品可以相互比較，更加強化在消費的過程中，滿足顧客搜尋與比較「物美價廉」或「符合需求」的商品。另外，對於快速配送的服務，雖然範圍僅止於特定地區或商品，但是涵蓋的商品範疇與地區範圍也是相當的廣。甚至，momo 對於某些地區還提供 5 小時極速配送的服務。這樣的物流效率必然能夠讓消費者擁有深刻消費體驗，進而擴及 momo 的品牌價值。

9.4 象徵型價值主張反映消費者的認知

針對象徵型的價值倡議，企業需要通過消費者與商品及其周邊之情境來引導消費者做出的所謂認知性的解讀。也就是說，營造象徵型價值倡議的環境需要促進特殊或實質交流與互動的意義，當消費者接收到這樣的訊息時，她（他）能夠自我解讀、認同或產生認知。在此，我們以中華航空的客艙服務環境的規劃與設計來說明中華航空如何建構象徵型價值主張傳遞的渠道。

於近期交付的波音 777 與空中巴士 350 的新客機，中華航空首度將美學的概念融入在客艙的服務流程設計之中。相較於餐飲業、零售業，或是汽車的展展售中心，不僅就空間而言，更重要的還受到飛航安全與法規的要求，飛機客艙服務環境與流程的設計充滿了限制。因此，當強調對旅客的服務，（或以本書的核心概念——意圖傳遞企業的價值訴求予旅客）服務流程的設計絕大部分需要更爲細膩地圍繞在客艙的氛圍與座椅周邊，讓旅客在步入機艙的那一刻起，就能感受到以中華文化爲根基的華航特色。除了能夠爲旅客「創造更美好的旅程」（Create

More Wonderful Moments Through Flying），中華航空更期望旅客在飛行途中能從客艙環境感受到中華文化的待客之道。中華航空世代小組說明：

> 客人對於新客艙的整體設計都感到相當的興奮。這些改變都會讓客人直接感受的不同世代客艙的設計理念。例如，經濟艙座椅的舒適性、腿部空間增加，餐具及餐點的更新，客艙燈光依不同的情境調整，新增客艙 WiFi 等。即使是經濟艙，每位旅客的座位上都配置一台業界最大 11.1 吋個人螢幕的 AVOD 互動影音設備。無論是軟體與硬體的更新，都非常大程度地提升旅客在飛行途中所謂的「美好旅程」。……客艙服務組員穿著隱含宋代美學的改良式旗袍，充分與全新客艙的整體設計相互輝映。……另外，在延續華航「以客爲尊」的核心服務理念，服務流程的改善方案更加強調客艙服務組員與旅客的溝通與互動。

從中華航空的例子就可以看出人爲服務介面因素的重要性。作爲「非低成本營運」的航空公司而言，服務旅客的整個過程，尤其是機艙服務，便是最直接能夠傳遞價值主張的場域。以服務作爲產品核心的服務型企業而言，產品的銷售涵蓋了整個服務的過程。其中，若缺少了人爲服務的因子或是服務因子忽略了人與人（服務人員與消費者）的互動，價值就很難，甚至是無法在交易情境中呈現。也就是說，服務型企業需要通過服務流程的設計、服務人員的訓練，並且將此二者融合與搭配，在整體服務的過程之中營造互動的情境。

誠如本書「價值傳遞與感知框架」所強調的，服務人員與消費者之間的互動是引導消費者在服務環境中感知各式各樣有形與無形線索的關鍵，並且更加深刻地讓消費者了解到企業所要積極傳達的價值主張與文化底蘊（或是其它，如藝術、美學、懷舊或前衛等）。

9.5 結語

企業對於服務場域的設計與規劃，係依據所主張的價值及試圖將所要傳遞給消費者的價值承諾，透過以產品爲核心的特質鑲嵌於服務場域中，將其獨特的價值體現出來。換句話說，企業在設計服務場域的階段，若將所倡議的價值主張或強調與競爭者主要的差異鑲嵌其中，可促使消費者對該企業所建構的服務場域具有感知價值的基本能力。

雖然多數企業的，即使那些所謂的服務企業，價值主張是以它的產品與服務作爲訴求核心，但是卻只有相對少數的企業會思考如何利用服務環境與流程的設計來傳達其「以產品或服務爲核心的價值主張」；相對多數的企業仍然以工作流程的效率與員工動線的流暢度來考量服務環境規劃。

從本章的討論中，從這些能夠充分轉換服務場域作爲傳遞與承載以產品與服務爲核心之價值主張的企業，諸如：Costco 賣場的設計與規劃賦予了商品高性價比的意涵；IKEA 的各式各樣的家具展示區賦予消費者並啓發他們對於居家布置的靈感與創作意涵；momo 強調絕佳的使用者界面與網路消費體驗，讓網路的消費群衆能夠更快更廣泛地搜尋與比較商品；福斯汽車的展售中心針對車型來布置展場突顯消費者在功能性的價值需求，更在服務的流程、設施與規範上賦予了產品具備尊榮與身分的價值；饗食天堂的秀廚賦予了食材新鮮的意涵；而中華航空則以融入美學設計的機艙設計與促進空服人員與旅客互動的服務流程來突顯以中華文化爲底蘊的服務核心。

將企業與消費者發生交易與互動的服務場域視爲企業傳遞價值主張的載具必須要有以下三點認知：

- 雖然企業可以利用其所提供的產品或服務作爲價值承載的物件，但對於企業價值主張的有效傳遞，服務環境的規劃與流程的設計是不可或缺的一環。
- 當顧客的生理感官在服務環境中受到以產品或服務爲核心所建置服務流程的刺激，其心理反應會依據刺激的強度賦予了產品或服務獨特的意義。

- 在交易與服務過程中，不僅企業企圖傳遞價值，消費者同時也會感知並對企業所提供產品或服務賦予意義和給予價值的過程，更也是企業價值主張向外擴散的重要途徑。

課後討論

1. 雖然服務流程是價值傳遞的載具，但要驅動這個載具的重要關鍵因素是什麼？這樣的關鍵因素取決於企業的什麼決策？
2. 消費者是如進入企業在服務場域中所刻意建構的服務流程？
3. 消費者在服務流程中的生理刺激與心理回應的過程，對產品或服務會賦予獨特的意義，請問這樣的意義在價值主張中反映了哪些事情？
4. 承上題，產品力向外擴散對企業及消費者有哪些重要的意義？

第十章

價值感知與傳遞

★學習目標★

閱讀本章後，您應該可以了解與掌握

- 微觀的情緒情節在情緒狀態中的影響力
- 中觀的本次體驗與微觀的情緒情節間的微妙連結性
- 宏觀的價值感知在情緒狀態中的感知歷程
- 「價值感」轉化形成「期待感」的動態循環

消費者在企業所刻意建構的服務流程中，其生理刺激及心理情緒的反應是一種短暫、快速，且還是有意識或無意識的不斷轉換、效價評估與累積的過程。本書所建構的「價值傳遞與感知框架」就是要呈現，企業在服務場域中所刻意營造的服務流程是如何觸發消費者情緒狀態與他們多重的感官體驗與感知。這樣的過程中包含了本書所定義之微觀、中觀和宏觀等動態價值感知的歷程。

顧客的情緒效價是經由環境中的物件所觸發。當消費者置身於企業建置的服務環境中，她（他）的情緒效價之生成乃是一系列生理刺激轉心理反應不斷轉換的過程。根據對本書所列個案企業的訪談（即本書第四篇的個案內容），判別出四種不同層次的情緒情節，以及各情緒層次之間的動態演進歷程，包含：(1) 微觀情緒情節（Micro Emotional Episodes, Micro-EE），(2) 中觀（Meso Emotional Episodes, Meso-EE）本次的（或當次的）體驗感受，(3) 宏觀價值的感知（Macro Value Perceived, Macro-VP），以及 (4) 感知價值轉換成為期待感。

10.1 微觀——情緒情節的驅動元素

本書將微觀的情緒情節定義為：**當顧客置身於某消費場域之中，因為某一特定的消費、服務情節或事件所引發特定情緒的產生**。或者我們可以將微觀的情緒情節視為單一的情緒感知事件。

假若企業在服務環境中提供適當的資源配置是驅動消費者感知的因子，那麼消費者的「情緒狀態」則是賦予價值的傳遞動力。在本章一開始也提到，在消費的過程中，顧客因為與服務環境中物件（可能是商品本身、工作人員，或其它的有形或無形的符號或線索）在特定的事件情節之中發生互動。這個互動情節，驅動了消費者生理感官刺激，進而影響或轉換成為心理情緒。在這個事件中，或許是一瞬間，也或許歷經一段稍微長的時間。若消費者的情緒產生顯著的反應，在一定程度上，引發效價評估的過程，致使情緒效價的產生，最後形成趨近或趨避的行為傾向，並且賦予該情節特殊的意義。

10.1.1 在餐廳裡發生的微觀情節

觀察消費者在消費過程的情緒反應，在饗食天堂的餐廳內訪談的幾位消費者，其中一位表示，他是不太喜歡吃生魚片，所以有生魚片的壽司他是不會吃（拿）的。但看到主廚現場製作炙燒鮭魚壽司過程，他感覺到不僅僅是在嗅覺受到刺激（覺得香），更是因爲視覺感官的刺激覺得現做的壽司應該是很新鮮的。因此，引發他想要嘗試的行爲傾向。

> 我通常不吃生的握壽司，怕食材不新鮮。但看到壽司是現點現做，讓我覺得他們的食材還滿新鮮的。另外，因爲鮭魚炙燒壽司的鮭魚已經炙燒過，有點淡淡的油香，我就試著嘗試看看。……品嚐後發現鮭魚肉質細膩，入口後有鮭魚的香味，……不會因爲是吃到飽的餐廳而採購比較不好的食材，應該在食材的選擇上有一定的水準，所以後來我吃了好幾個這個壽司……。

從這位消費者的例子中不難看出一項微觀情緒情節的過程。在這一個「看到主廚現場製作炙燒鮭魚壽司」的特殊事件之中，他與主廚通過炙燒鮭魚壽司的製作過程產生互動。他主要受到嗅覺與視覺的感官刺激而產生正向的「愉悅」情緒，進而產生「新鮮」、「可能很好吃」和「有意願嘗試」等的情緒效價評估，最後引發他「吃下多個同款壽司」的行爲。

10.1.2 在家具賣場裡發生的微觀情節

再來看看 IKEA 的例子。IKEA 對於展示間空間的運用、家具的組合及顏色的搭配，都讓消費者感受到強烈的多重感官刺激，進而觸發出不同的評價、討論及比較。根據 IKEA 的價值主張，展示間建置之目的就是一種啓發消費者成爲布置家庭設計師的靈感來源，唯有不斷地的評估，才會找到最適合擺放家中的家具。受訪者談到：

> 在 IKEA 買家具，最喜歡逛的區域就是提供各樣式的 Showroom，它提供了我對布置居家生活不同的想法，如家具的擺設方式或是小飾品的布置。我都會和我朋友說，經由這樣的布置可以點綴居家的生活，甚至在其它的樓層看到喜歡的家具或其它新奇的小飾品，我都會聯想到樣品屋的擺設，以及是否能夠搭配在家中的陳設。……當然我也會用尺量量看適不適合在家中擺放，……有時候也會打電話回家與家人討論一下擺放空間等等的問題。

從微觀的情緒情節來觀察消費者的情緒反應，它也許沒有像是上面在響食天堂的例子，有如此清晰且可以觀察的細微情緒情節內容。但是，我們可以理解，消費者在 IKEA 情緒情節發生主要是受到視覺的刺激所引發的聯想、嘗試，甚至是通過實際的測量，或試圖以自己的想法重新擺放後再「看看」適不適合。事實上，這樣的事件過程是一個相當複雜的情緒情節，其中包含不斷重複產生的視覺刺激、情緒回饋、效價評估、實驗和確認的細節。

10.1.3 在飛航機艙裡發生的微觀情節

飛航機艙是一個非常特殊的服務環境。在前一章節中，我們也提到過，機艙服務的整體活動環節幾乎都環繞在旅客的座椅四周。因此，大多數旅客的飛行體驗，無論長途或是短途的飛行，大部分的時間都是在他們所乘坐的座椅上來感受航空公司所提供的各項服務。這些服務包含有座椅的舒適性、餐飲、享受 AVOD [1] 等等。根據作者對曾經有過搭乘中華航空長途航班的旅客進行訪談，我們仍可在這個臨時性的、屬於自己小小的私人空間裡，的確可以觀察到許多意想不到的

---

1 AVOD：Audio-Video on Demand。個人隨選影音互動系統。

微觀情節的動態元素。受訪者談到：

前次搭機前往 LA（洛杉磯），發現經濟艙座椅的靠背變得比以前所坐過的椅子都要薄，座墊坐起來也非常的好坐、舒適。更重要的是，坐下去之後，我感覺我的 Leg Room（腿部空間）與前座的距離，跟以往的經驗比，好像變大了，這眞的是還蠻舒適的。……另外，座椅還配置了 USB 充電插槽和 110V 電源插座，…… 這幫我解決了 iPad 或手機在航程中充電的需求。你知道的，出國的旅途中，尤其在機場幾乎都在滑手機，用手機的時間比較長。唯一不用手機的時間就是在飛機上，如果能夠在下飛機之前把手機充飽電，下飛機就不用擔心手機沒電了。……對於影音系統，我知道像是中華（航空）和長榮（航空）都能夠隨著科技的進步去改善，……你知道的，如果用起來，操作的感覺不好，倒不如就不要有。

事實上，如果不是所謂的廉航公司航班，台灣各家航空公司的旅客座椅前方都配置有個人化的影音系統。隨著電子科技的進步，如果這些個人影音系統能夠適時地更新，對大部分的旅客而言會有比較好的操作體驗。

針對座椅的舒適度和 USB 充電插槽，該受訪者還另外補充道：

華航好像非常了解我們在飛機上的需要。這是一種渴望需求的感覺，就好像在外地租車旅行，有時候我們會因爲省錢就租 Compact Car（小型房車）一樣。一定要可以方便充電之外，我還會要求後座乘客的腿部要有足夠的距離，……坐飛機也就是一樣的道理。

10.1.4 在網際網路購物時發生的微觀情節

電商的興起與網路購物已經是一項不可逆的趨勢。尤其在 COVID-19 疫情期間或是現在進入所謂後疫情時代，零售產業的網路交易已然呈現爆炸性的成長。根據經濟部的滾動式調查，台灣零售產業網路銷售因爲疫情的關係加速成長，在2021 年已達到達 4,303 億台幣，年增率近 25%，爲歷史新高。營業比重占整體零售產業達到 10.8%，與 2019 年疫情前相比，增加約達 3.3%。[2]

也正是在這段期間，本書的受訪企業之一，momo，搖身成爲台灣營業總額最大，同時也是消費者最喜歡前往虛擬通路購物的電子商務平台。除了提供多元的商品以及優惠的價格之外，momo 購物網主要是因爲它的使用者操作介面非常人性化，提供了非常優質的網路購物環境。作者訪問習慣在網路購物的消費者，他比較台灣另一大型電商與 momo 的 APP 操作界面，指出：

> momo 手機 APP 網路介面上的搜尋功能對所搜尋商品的精確度，相較其它平台算是好的，不會出來一些不相關的商品。…… momo 將搜尋出來的商品以「方格式的棋盤設計」排列，除提供圖片及重要資訊外，特別是在瀏覽的過程中，若點進去看特定商品的細節，按返回鍵後，頁面會再回到我之前點進去的地方，讓我很方便地再繼續往下瀏覽。不像有些平台的畫面不會再返回到原先的位置，我會被迫還要再回到起始點重新尋找，非常的麻煩，……購物的心情就直接 Down 到谷底。就是因爲這樣，會直接放棄購物或是換到其它的平台購物。……momo 這一點確實做的較其它平台方便購物及瀏覽。

這些的案例提供了情緒在單一情節中對消費者的認知與行爲的影響。微觀的情緒情節，包含了感官刺激、心理反應與效價評估的過程。當顧客在消費情境中體驗或受到環境或特定物件的刺激時，會影響其情緒效價的評估與進一步的行爲反應。就如同「炙燒鮭魚壽司」的例子，若餐廳沒有提供好的食材，或是主廚在製作壽司的過程中沒有掌握好炙燒的時間，致使口感或品質上有偏差。或許消費

---

2 資料來源：經濟部、Google《2021 智慧消費關鍵報告》、金管會銀行局。

者會在嘗試第一口之後就產生負向的情緒效價，進而對「炙燒鮭魚壽司」產生趨避的行爲；反之，若是消費者做出正向的情緒效價評估，便會產生趨近的行爲，甚至會有重複操作同一個單一事件情節以確定自己的效價評估（如 IKEA 的家具展示間的例子）；若情緒沒有因爲特殊事件而產生顯著正向或負向的情緒感受，情緒效價評估的機制通常就不會被引發。

針對微觀的情緒情節，我們提出以下四點認知，供企業參考：

- 微觀的情緒情節是發生在消費者身上的單一情緒事件。
- 微觀情緒的產生反映出消費者在服務環境之中與各項環境元素、人員、符號或商品物件之間細膩的互動。
- 微觀情緒情節並非僅是單純地生理刺激轉換成爲心理反應的情緒生成過程，消費者會針對單一且顯著的情緒情節作出效價評估。
- 正向的效價評估產生趨近的行爲；反之則爲趨避行爲發展，若情緒效價不顯著，消費者不會有明顯趨近或趨避的行爲反應。

10.2 中觀——本次的體驗感受

本書將中觀的體驗感受定義爲：**顧客在某消費場域的本次體驗，也就是當次消費的完整體驗**。當消費者將其置身於某個消費場域，從開始到結束，在整個消費過程中，一定或多或少地歷經了各式各樣的微觀情節。根據我們在前一節對微觀情節的描述，消費者必然經歷了多次短暫的效價評估與趨近或趨避行爲的產生。中觀的體驗感受就在這個整體消費的過程中，不斷地累積與迭代這些循序發生的微觀情節之過程中逐漸形成。換言之，消費者的中觀體驗感受是經由她（他）的微觀情緒情節累積而成的。

在作者對消費者的就近觀察得知，消費者的中觀體驗感受，並非將其所經歷的情緒情節以簡單的數學邏輯進行加總而得。消費者係依據其知識、生活經驗和當下所經歷的數個微觀情節，經過效價評估的機制，形成她（他）本次消費的主觀和理性的體驗感受。然而消費者若在本次的體驗過程中，歷經了某個關鍵的情緒情節，並且這個情緒情節與其它情緒情節相衝突且足以推翻其它情緒情節所形成的效價評估結果，她（他）的中觀體驗的發展則會被這個關鍵的情緒情節所主導，進而作出不同的結論。

10.2.1 餐廳消費的中觀體驗

作者曾經透過焦點訪談的討論形式訪談了十多位消費者。從他們對特定餐廳（或服務型企業）最近一次的消費體驗，作者嘗試了解他們的中觀體驗是如何通過一系列特定或顯著的情緒情節逐步累積或迭代而形成。其中一位受訪者談到他在饗食天堂用餐期間的感受，他說：

> 一進餐廳就會先看到各式餐檯上擺滿不同的料理，嘴巴還沒吃眼睛就先吃飽了。……我看到師傅在開放式的廚房裡現切生魚片、現做握壽司、大火烹調蛤蠣湯、現切肋眼牛排，……很多菜色的旁邊都會提供食材履歷的立牌，說明食材的產區及稀有性等資訊，這些都讓我感覺餐點很新鮮。……服務人員態度親切，盤子收得也很勤，當然餐點料理得都很好吃，價格也算合理。

從這位受訪者的敘述中可以了解，在他消費的過程中，他經歷了各式各樣的情緒情節並且歷經了多重的感官刺激，再加上他過去用餐的經驗（無論是同一家或不同一家餐廳）、他的知識或直覺產生效價評估，諸如：「餐點豐富性的呈現」、「食材履歷說明」及「現點、現做和現拿」。因此，整體而言他對他最近一次在饗食天堂用餐感受到餐點的豐富與新鮮。事實上，這位受訪者的消費體驗與饗食天堂試圖要傳達的價值訴求「饗以盛宴、賓至如歸」是相當的接近，甚至是一種共鳴。

10.2.2 購車服務的中觀體驗

台灣福斯汽車展場的設計需符合德國總公司的規範，目的就是要讓車主很容易的辨識不同的車型及功能。在焦點訪談中的一位受訪者描述他最近在福斯展場體驗新車 Level 2 自駕輔助系統的感受，他說：

> 會前往福斯汽車的展場看車，就是特別去看有搭配 Level 2 自駕輔助系統配備的車子。因爲之前有開過自動跟車系統配備的車子，就已感受到科技引領開車的樂趣，同時也降低開車碰撞前車的機率。……銷售人員詳細的介紹了這套新的配備，介紹完之後還問我要不要親自試駕感受一下什麼是自駕輔助系統。其實我當時嚇了一跳，才第一次看車就叫我試駕。……銷售人員說，百聞不如一開，你不親自開無法體會自動輔助駕駛的感覺，試駕過後才眞正的體會到什麼是德國的造車工藝和技術。

從受訪者描繪他的購車體驗之中可以體會到，他在體驗的過程中經歷了不同的事件情節，譬如新科技配備、新車、與銷售人員的互動，以及試駕活動等。每個情節都讓他經歷了短暫的微觀情緒情節的轉換過程，進而累積成爲他的本次體驗感受。

10.2.3 搭乘飛機航班的中觀體驗

> 搭機出國旅行本來就是一件很愉快的事。……空服員在登機門邊微笑著歡迎我們並指引我們座位的方向。……搭飛機就一定要吃飛機餐，那種感覺就好像搭火車旅行時，我總會買個鐵路便當來吃的那種感覺。……當然我也會看看自己喜歡的電影。飛行期間也會看到空服員不時的與客人親切互動。……客艙的燈光也會隨不同的情境與時間來調整。……下機後，提領行李的過程也很順暢，這應該是我最好的搭機經驗。

上述搭機經驗的描述是來自我們對一位最近有搭乘中華航空經濟客艙長途飛行的受訪者的訪談紀錄（從洛杉磯回台灣）。從這個搭機體驗不難看出，受訪者的情緒是在不同的情境中不停地被觸發。通過一系列的正向情緒效價的產生與累積，他最後給出了「這應該是我最好的搭機經驗」的評價。

作者也在這位受訪者的訪談中發現一件特別的事件情節。這位受訪者搭飛機吃航空餐的情緒是一種跨情境或跨場域（搭火車旅行）的連結。這樣直接的經驗連結所感受到的情緒效價，通常會是一項顯著影響中觀體驗感受的微觀情緒情節。

10.2.4 特殊情緒情節主導中觀體驗的發展

上述的案例都是顯著且正向的情緒效價，並逐步累積而形成的中觀體驗感受。但是形成中觀體驗的並不是簡單的數學加總的邏輯，在形成中觀體驗的過程中，也可能因為某個關鍵的情緒情節加諸於消費者的生理刺激與心理回應過於強烈，致使該情節的效價評估足以主導整個中觀體驗的形成。

例如，在作者舉辦焦點會議中的一位受訪者曾經提到餐廳的衛生是他最關注的事情。他表示若在用餐的過程中發現餐廳環境或食物有衛生的疑慮，無論在這之前的用餐體驗有多麼的美好，這家餐廳不會再是他未來考慮的口袋名單。也有其它的受訪者表示有過相同的經歷，但也有受訪者表示如果某些負面的情緒情節並不是特別的嚴重，對於用餐過程中的好心情是不會有太大的影響。

針對中觀的體驗感受，本書整理以下四點關鍵的認知，供企業參考：

- 中觀的體驗感受乃是顧客在本次的消費服務過程中，歷經一系列情緒情節與效價評估，逐步累積或迭代所形成的體驗感受。
- 中觀體驗感受的過程是基於顧客主觀的心理評價，它同時也是形塑對企業價值評定或連結的基礎。
- 企業若能基於價值主張為構思細膩地規劃服務流程，消費者的情緒效價或在一定程度上會被觸發，進而誘導致使感受企業的價值主張。

- 通常消費者的中觀體驗是基於微觀情緒效價逐步累積的結果，但若在消費過程中消費者感受到某個關鍵的情緒情節加諸於她（他）的生理刺激與心理回應過於強烈，該情節的效價評估結果有高度可能性主導整個中觀體驗的形成。

10.3 宏觀——價值感知

本書將消費者的宏觀價值感知定義爲：**消費者對某企業或其所提供的產品與服務的價值感知建立過程**。宏觀的感知價值係以消費者對特定企業的中觀體驗爲基礎，整合消費者個人過去的消費經驗、服務場域外所蒐集與感受到的其它口碑與資訊，對此企業所試圖傳遞的價值主張進行主觀的鑑別與評價。

在本書第八章初步介紹「價值傳遞與感知框架」時，作者提及所謂的「經驗知覺」與「資訊知覺」。「經驗知覺」代表的是消費者個人在某特定企業的服務場域曾經有過被服務的經歷，並在她（他）的經歷中有過對該企業的價值感知；而「資訊知覺」乃指消費者通過其它管道，蒐集資訊後所產生的價值認知。此價值認知可能是經由通過消費者的親朋好友的經歷、社群平台、媒體廣告或該企業的官網蒐集到相關資訊後產生。因此，我們可以進一步以整合消費者的認知層次來理解宏觀價值感知的形成：消費者對特定企業融合其「中觀體驗」、「資訊知覺」與「經驗知覺」的整體價值評估的結果。

以下，我們就參與本書焦點訪談的消費者分別對美式賣場 Costco、德系進口車福斯汽車公司和歐系家具賣場 IKEA 的價值體驗爲例，說明消費者宏觀價值感知是如何形成的。

10.3.1 對Costco的宏觀價值感知

美式賣場 Costco 對台灣的會員幾乎沒有投入太多的行銷資源。除了部分報章雜誌對 Costco 進行新聞式的報導之外，Costco 的消費環境及其系列產品，如 Kirkland Signature（科克蘭品牌），都是經由會員們的口碑宣傳（資訊知覺）與他們本身的消費經驗（經驗知覺）而累積形成的。本研究的受訪者對 Costco 的感知價值及消費期間當下的情緒效價大致都呈現正面的評價。

> 我對 Costco 的整體感覺，它就是「美國商品」、「品質穩定」、「價格便宜」、「踩雷機率低」以及「退貨機制好」。對會員也會不定時的寄送「會員折價護照」。……前一陣子新聞還有報導一些消費者濫用退貨機制的新聞，但 Costco 還是堅持無條件退貨的機制不變，這些新聞反而對 Costco 的營運產生加分的作用。
>
> 在 Costco Shopping 的時候，你可以感覺到 Costco 是有考慮到消費者購物的方便性，像是走道比較寬敞，貨架與貨架的空間比其它賣場還要寬廣一些，……商品的價格資訊也是很清楚，像是平均每件（單位）的平均價格……現場還有免費試吃的活動，……這些在消費氛圍都會讓我對 Costco 產生一種無形的好感。

基本上，我們所訪問多數的消費者對 Costco 具有高度同質的宏觀價值感知，即「性價比」。這與在台灣社會對 Costco 普遍認知與共識有著高度的連結。另外，從我們對企業的訪談的資料顯示，Costco 是在台灣唯一還要向會員收取年費的連鎖量販業者。雖然 Costco 有調高會員的年費，但其會員每年的續卡率還是超過九成，遠高於世界各國續卡的平均值 88%。這樣高的指標足以顯示 Costco 會員對於 Costco 的營運與其宏觀價值是有著高度一致的認同度。

10.3.2 對福斯汽車的宏觀價值感知

在台灣的汽車銷售市場，消費者只要聽到「德國車」或是「進口車」，直覺反應可能就是安全性比較好。除了對「德國進口車」的普遍認知之外，顧客對於德系汽車的知覺感受（經驗或資訊知覺）可能也還來自於社群媒體的討論、車主過去的使用經驗，或是行銷媒體廣告對德系汽車的宣傳等。

在本書所舉辦的焦點訪談中，有一位剛剛在福斯汽車購買新車的消費者，他對福斯汽車試圖所要傳遞的價值主張做出評價，他說：

> 台灣自有品牌的汽車發展較晚，有很多國外品牌汽車在台灣幾乎都是非原裝進口，所以對於進口車，特別是德國車，都會感覺車子安全性會比較好。像我要買福斯汽車之前，我都會在 Mobile 01、介紹汽車的電視節目、買汽車雜誌看新車介紹及車主的使用經驗。我也會詢問周遭朋友的想法，當然福斯在媒體的宣傳也誘使我前去展場看車。……我剛剛也說了（前一節對中觀體驗的描述），在整個看車的過程中，不僅服務好，我可以逐一驗證我對福斯新車的一些問題，最後我還試駕體驗了自動駕駛的功能，……我當下就決定要買福斯的車子。……整體說起來若要買進口的德國車，我覺得福斯應該是首選，價格雖然比國產車貴些，但與其它原裝的進口車相比，例如雙 B，還是比較划算，而且還可以買到較新的配備。

從這位福斯新車車主的描述中發現，在進入福斯汽車的服務場域之前就已經建構了他對福斯以及他所想要購買的汽車的資訊知覺，再結合他在中觀體驗的歷程與感受，這位消費者對於福斯的宏觀價值可以說是：可以用比較便宜的價格買到德國進口車，同時也可以買到較優越且先進的汽車配備。這與福斯汽車所提出的價值主張「創新、高科技及平易近人的價格」（Innovative, German Technologies and Affordable, Reliable and Relative Price）幾乎一致。

10.3.3 對IKEA的宏觀價值感知

IKEA 產品給消費者的普遍印象爲相當具有設計感、價格不貴的現代化家具。在我們的訪談中，參與的消費者大多將討論聚焦於展示間的陳設，多數的受訪者認為IKEA的經營模式已逐漸在顧客心目中植入高性價的家具產品首選。其中的一位受訪者表示：

> 我最喜歡的還是IKEA展示間的陳設。每次有機會去逛IKEA，我在那裡的時間都非常的長。IKEA所陳設的家具都很有設計感，給了我們很多布置家庭的想法，……而且價格也不會太貴，還蠻可以接受。雖然，受限於家中整體的規劃及現實的考量，我們幾乎是不可能會完全依照展示間的陳設來布置家中的擺設，但這些展示空間給了我很大的想像空間來如何布置我家中的家具擺放，……裡面所陳設的那些家具，還是有機會可能成為我們家中的家具。……IKEA前一陣子（2018～2019）在台灣開了幾間限時百元快閃商店，人潮很多，我跟我的朋友還有家人都覺得這些居家商品很便宜、實用也很有設計感。

在台灣，IKEA和Costco的案例兩者間非常的類似。它們都是跨國的知名公司，也都是許多消費者因為「性價比」而將它們二者視為消費購物時的首選企業。另外，從消費者對IKEA的描述，其中頻繁出現的幾個關鍵字，如「設計感」、「想像」、「靈感」等，其實都基本回應了部分IKEA對產品設計所堅持的價值訴求，即「大眾化設計」的理念，涵蓋了功能、品質、形式、永續和低價等。另外，作者也深入發現了一些有趣的現象：顧客對於IKEA所感知的價值較著重於產品的外顯價值，如低價、設計感（形式）和功能，但對於永續與品質，較為內顯化的設計內涵，消費者的價值認知則較為薄弱。除此之外，IKEA的展示間雖然包裝了大眾化設計的五項元素，卻廣泛地延伸出另一個內化層次的感受，那就是「靈感」。

從上述幾個企業案例的討論中，在此我們總結以下幾點關鍵的認知供企業參考：

- 宏觀價值感知乃指消費者對某企業價值感知、鑑別與建立的過程。其中融合了消費者的「中觀體驗」、「資訊知覺」與「經驗知覺」。

- 消費者的宏觀價值是基於其對企業之中觀體驗感受爲基礎所延伸的價值認知。意即消費者藉由「中觀體驗」的過程來鑑別與確立其經由「資訊知覺」與「經驗知覺」所構建對某一企業（或品牌）的實際價值感受。
- 「資訊知覺」乃指消費者通過其它管道蒐集的資訊所產生的價值認知。
- 「經驗知覺」代表的是消費者個人在某特定企業或類似的服務場域曾經有過的相似的消費或被服務的經歷。

10.4 價值感知轉換成爲消費期待

消費者對於某個企業的宏觀價值感知可以廣義的理解成消費者對該企業的價值感。其中的差異就在於宏觀價值感知是融合了中觀體驗感受和經驗知覺或（與）資訊知覺；消費者一般對於企業的價值感可能僅僅由消費者個人的資訊知覺所建構而成，也可能是過去宏觀價值感知的印象延續或殘留，也就是消費者的經驗知覺。這樣「直觀式」的經驗知覺（就是在同一企業或消費場域所歷經的宏觀價值感知的過程）會儲存在我們的記憶中形成基模。當有事件觸發，消費者必須再一次返回某個曾經去過的消費場域，這時生理刺激與心理回應的機制會喚醒儲存在腦中價值認知與記憶，也就是本書所強調的經驗知覺，並對此一事件做出回應——期待感的形成。此處，期待感可能是正向的，也或許是負向的感受。

10.4.1 出國旅遊飛行的期待感

當消費者因爲商務活動或一般旅遊要再度搭乘飛機出國的時候，在她（他）的腦海中儲存的記憶會被逐一喚醒進而形成或高或低程度的期待感。這些記憶可能包含了對航空公司的情感連結、對空服人員的服務印象、在客艙內曾經享受過的各式服務，甚至是搭乘過比較新型飛機的經驗等等。當消費者即將再次踏入機艙的那一刻，她（他）的多重感官會被再度刺激，並且隨即進入到「價值傳遞與感知框架」所描繪的微觀、中觀，到宏觀的價值感受過程，驗證記憶基模所記錄的愉悅感，進而感受與評估航空公司所要傳遞的價值訴求。一位經常搭乘中華航空出國的消費者說到：

我經常因爲出差的關係經常出國，我每次都會搭華航，主要是因爲華航是代表國家的航空公司。……華航前一陣子買了新飛機，我曾經有過一次的經驗。……新飛機的座位舒服，設備先進，影視系統也提供了很多不錯的內容，特別是經濟艙還提供 11 吋的個人螢幕，看電影很過癮。……還有華航的服務感覺比長榮和國泰好一些，特別是空服人員親切的笑容與問候，還有體貼的服務，她們對我的需求回應也很快速。……我下個月又要出差，雖然出差是很累，但想到又有機會搭華航的新飛機和享受華航機艙服務，有種莫名的期待感。

10.4.2 去美式賣場的期待感

在台灣，Costco 對會員提出的「盡可能的最低價」（The Possible Lowest Price）承諾。但是這個所謂的「盡可能的最低價」並非只是提供低價的商品。事實上，Costco 的會員顧客展現其高度的忠誠度，願意再回到 Costco 消費，主要期待還是來自於對它商品的信心以及相較於台灣其它量販賣場所售商品的高度差異化，如 Costco 專賣、Kirkland Signature 自有品牌和其它自美國進口的產品。這些的消費期待反映出會員對於 Costco 企業的整體價值認知。我們訪問一位正在 Costco（桃園店）消費的消費者，他說：

台灣對美國產品的喜好程度素有其歷史的淵源。好市多提供的產品有相當的品質與保障，特別是他們自己的品牌（Kirkland）多樣性、美國牛肉、葡萄酒的種類、壽司拼盤、各式糕點和其它美國進口的商品。

這些商品都不是其它量販店可以看的到和買到的東西，……當然價格也比較便宜。……另外，他們的退貨機制也給我們消費者的保障，這也是我會來這邊購物的原因。……你可以看到，這兩天比較涼，家人就在唸，想要來好市多買一些食材，特別是美國進口的牛肉，還有酸菜白肉鍋，……都非常好吃。當然，也順便來補貨，民生用品什麼的……。

10.4.3 知名連鎖自助餐廳用餐的期待感

觀察消費者去饗食天堂用餐的案例，我們也看到同樣的價值感知轉換成消費期待模式。我們在其它議題的討論中已經大致了解消費者對饗食天堂所感知到的價值可以理解爲料理的「多樣性」與「新鮮」。另外，該餐廳會不定時的在它的官網、傳銷媒體、當地的電台與大衆運輸車廂中進行宣傳新產品的相關資訊和促銷方案等等。尤其當消費者有機會聚餐，如假日、生日、節慶、公司或朋友聚餐等，都有可能因爲接收到饗食天堂最新的訊息或是自己過去在饗食天堂用餐的「好的」經驗而選定饗食天堂作爲用餐的地點。受訪的消費者表示，除了期待再品嚐到喜歡的料理之外，當然還會嘗試這些新的產品。她說：

桃園有幾家著名的自助餐廳，吃過之後發現，饗食天堂除提供更多樣的餐點選擇，高檔及新鮮的食材外，還會不時地在收音機及車廂廣告聽到及看到新餐點的推出及優惠方案。……每次有朋友聚餐的機會，我幾乎都會建議饗食天堂。……有時候是因爲大家喜歡吃的東西不一樣，……但大部分是因爲我自己想去（笑聲）。……去饗食天堂用餐，我一定會吃生魚片、壽司、菲力、羊排、天使紅蝦、烤鴨等知名特色料理。

10.4.4 網路購物的期待感

momo 購物網已成爲大多數網路消費者會選擇進入消費的電子商務網站。除了消費者網購的使用者介面模式與消費流程之外，momo 還提供了「物美價廉」的商品以及更爲多元的促銷活動。一位經常在網路購物的消費者除了描述她在 momo 的消費體驗與她對於 momo 每日限時搶購活動的期待之外，她也表示她每個月都期待去看某正韓服飾電商老闆娘的網路直播。無疑的，這位受訪的消費者早已經認同了 momo 與某正韓服飾電商所倡議的價值主張。她說：

> 除了習慣了這個網站的購物流程，就好像去便利商店買東西，大概都知道東西擺在那個區域，……我喜歡在 momo 購物的主要原因，基本上是過去的購物經驗都還不錯，若有不滿意的，就辦退貨，還蠻方便的。另外，momo 的商品算是非常齊全，價格也公道，最重要的是到貨時間迅速。之所以會在網路買東西就是希望下單後，到貨時間越短越好。
>
> 還有 momo 的促銷活動也多，每天的「限時搶購」活動是我非常期待的事，都會吸引我不時的上網瀏覽，看看今天買些什麼特價商品。……就好像我大概固定每個月初都很期待去看 XXX 正韓服飾電商闆娘的網路直播，我很喜歡她的穿搭風格，……順便了解韓國快時尚的流行趨勢，……我也會買些衣服。說眞的，穿 XXX 闆娘家的衣服，幾乎沒有遇到撞衫……。

無論從實體或虛擬的、從餐廳到賣場，企業的經營，尤其是強調消費者服務的終端服務環境，最重要的是要能夠精確地傳遞並讓消費者感知到企業所倡議的價值主張。消費者對企業的價值感受會隨著時間成爲對該企業直觀式的經驗知覺。當消費者再度前往同一個服務場域時，他們的期待感會因爲這樣的經驗知覺而產生，進而成爲再次消費時效價評估的基礎。在此我們總結了有關於價值感知轉換成爲消費期待感的幾點關鍵認知，供企業參考：

- 消費者對於某特定企業價值感知是成爲她（他）經驗知覺的重要基礎。當需要再次進入該企業之消費場域的事件啓動時，消費者的經驗知覺會被觸發而形成期待感。
- 消費者的期待感結合其腦海中的腳本與價值形成的基模是消費者再次進入某特定服務場域消費時進行效價評估的主觀基礎。在服務流程進行的當下，消費者在一定程度上可以感受到企業所要傳遞的價值是否具有一致性的呈現。
- 若消費者並沒有前次在特定服務場域或類似情境下的消費經驗，與此消費相關的基模是無法構成，因此相對直觀的經驗知覺則不存在。消費者的期待感僅能藉由資訊知覺來形成，且在服務過程中作爲效價評估的客觀基礎。
- 倘若，消費者同時不具有經驗知覺與資訊知覺，在一個全新或完全未知的消費場域中，消費者僅能藉由其在消費期間的中觀體驗過程來感受企業所要傳遞的價值主張。
- 期待感可能是正向的也或許是負向的感受。

10.5 結語

「價值傳遞與感知框架」理論的發展是爲了要引導企業去理解消費者情緒感知、體認和形成價值感受的過程，如此企業才能藉由服務環境與情景的設計來企圖引導消費者感知企業所要傳遞的價值主張。消費者在感知企業價值主張的過程中會歷經微觀、中觀和宏觀等三種不同層次的動態歷程。根據「價值傳遞與感知框架」，作者同時提出消費者的經驗知覺與資訊知覺在價值感知的過程中所扮演的角色。此二者影響消費者在情緒回應與價值認知的基模與腳本。

其中，經驗知覺是引導消費者效價評估的主觀基礎；而資訊知覺則爲客觀基礎。

最後，本書也引導讀者認識「價值傳遞與感知框架」中，消費者對企業的價值感知與期待感之間的關係與轉換。期待感是消費者再次進入某特定消費情境時進行效價評估與價值感知的比較基礎。

課後討論

1. 請問消費者在服務流程中所賦予產品獨特意義與在微觀情境中的感知效果，這兩者最大的差異爲何？
2. 閱讀完本章「價值感知傳遞的四個演進歷程」後，請問企業最想要消費者在微觀情節中傳達出什麼樣的訊息？
3. 請說明本次體驗感受的範疇、內涵、體驗歷程及其在情緒狀態中的重要程度。
4. 宏觀的價值感知與中觀的本次體驗，兩者間最大的感知差異爲何？
5. 當企業所倡議的價值主張傳遞到消費端時，該感知的價值爲主觀的或客觀的？原因爲何？
6. 試請回想：
   - 當您要前往未曾經歷過的實體或虛擬服務場域時，您要如何建立對該企業所提供產品與服務的「期待感」？
   - 當您要再返回過去所熟悉的實體或虛擬服務場域時，過去所建立的「價值感」會內化形成「期待感」。這樣的預期心理在第七章情緒狀態所談論的三個重要的理論「EVT、DAT及CVT」，您覺得哪一個理論最適合應用在此，原因爲何？

第十一章

支配對價值感知的加乘效用

★學習目標★

閱讀本章後，您應該可以了解與掌握

- 支配活動對消費者的感官知覺具有感知價值的效果
- 支配活動對於企業掌握消費習性的重要性
- 企業在服務場流程所提供消費者的支配活動，是資源投入與整合的重要決策，更是服務流程中重要的環節
- 支配是對象資源與操作資源相互循環所產生的價值活動

誠如本篇前三章的討論，企業，尤其是服務型的企業，無論它的價值主張核心是否是基於商品而建構，企業需要藉由服務環境與情景的設計來引導消費者感知它的價值主張。根據「價值傳遞與感知框架」，如果企業眞能夠基於其價值主張設計與建制服務場域，消費者必然能夠截取或感知到企業所要呈現的價值。然而，**企業的價值主張乃是一種無形的組織資源，當企業要在其服務環境中展現，或多或少會受到一定程度的限制**。這些限制可能來自有形設施的安排、動線的規劃、情境與氣氛的設計、服務流程考量執行效率與價值傳遞的平衡，甚至是消費者本身對於服務環境中價值線索與符號的抽象感知能力等等。因此，企業的價值傳遞或消費者的價值感知便無法以單純的互動關係來看待情緒情節的設計與觸發。這是一項在行銷與策略理論對於價值傳遞與價值感知議題的一項關鍵缺陷。

11.1 支配對價值感知的增益效果

理論上，在設計與規劃服務場域的時候，企業可以藉由引入「調節因子」來對「企業價值傳遞」與「消費者價值感知」之間的互動影響促進增益的效果。這個所謂的「調節因子」就是企業在它的服務流程之中刻意操作它與顧客價值共創的程序。換句話說，企業可以主動地將服務流程中開放某個或某些特定的服務環節，讓消費者可以掌控一些特定的環境元素用以強化她（他）在微觀情節中的情緒刺激以利她（他）的趨近行為發展。這項刻意的操弄就是「支配」（Dominance）。

在「價值傳遞與感知框架」之中，本書延伸 PAD 情緒模型中的 D 元素（也就是消費者的支配情緒，Dominance），重新詮釋「支配」爲：**企業促使消費者支配感的發生，所進行操弄之價值傳遞與價值共創的途徑**。然而，企業並非簡單地將某些服務環節開放讓顧客能夠掌控服務流程的發展，進而產生更爲深刻的體驗與感受。企業在操弄消費者支配情緒的發生，必須經過細膩的規劃與設計，並投入與整合適當的資源，才能有效地「調節」企業價值傳遞與消費者價值感知之間的互動關係；才能促進企業與消費者之間價值共創的發生。

在本章接下來的部分，我們藉由本書收錄的企業案例來說明企業如何通過「支配」來促進其價值的傳遞以及與消費者共創價值。

11.2 汽車試駕活動

汽車銷售的試駕活動就是要讓潛在的成交客戶能夠使用車輛。主要的目的就是希望顧客能在試駕的過程中更了解汽車的性能、新配備或科技的特殊功能和是否滿足購車的需要，最後能夠促進交易的達成。

相較其它終端消費或服務產業，汽車銷售的試駕活動是比較特殊的服務活動，主要是因為試駕車輛的所有權尚未正式移轉至顧客，意即車商將公司資源暫時借給顧客使用（試想若每一區域的展售中心對每一車型都有試駕車款提供給消費者試乘或試駕，那是多麼龐大的資源投入）。汽車是相對高價格的商品，並且試駕活動存在一定程度的安全考量。當車商在它的服務流程之中安排了試駕活動，其中相關的程序都是必須經過安全與縝密的安排與設計。

福斯汽車內湖展售中心白總經理強調：

> 福斯規範當客人第一次來店看車時就必須要邀請客人試駕，給客戶立即性的體驗。根據統計資料顯示，經過 Test Drive（試駕）的體驗，最後交車的機率高達 60%；而沒有經過試駕的，最後成交的機率大概就只剩 20%。
>
> 在試駕的過程，業務人員一定會在旁邊告訴你這車要怎麼開，通常是男性會積極試車，所以試車會主要是在試性能和操控性。……試駕的道路選擇是事先規劃好的，試車是在試變速箱的換檔；這路段是在試這車子的扭力；這條路是在試車子的操控性及過彎；每一個路段都有不同的功能。……如果試駕的過程沒有業務代表在旁導引，客人只會依照以

前的開車模式來操控這台車，這不會達到試駕的效果。

雖然開放試駕的投資很大，還是要做。……新車若不經過試駕，客人實在無法感受到車好在哪裡？試駕過程中業務人員會在旁邊教客人要如何開這部車來展現它應有的馬力及操控性……，原來要操控一部車，是需要經過學習的轉換，才能開出車子應有的性能，同時也提高客人對福斯產品的價值體認。

從福斯汽車的案例可以了解，試駕是汽車公司操弄消費者「支配」情緒與體驗的典型案例。試駕活動的安排能夠讓顧客在汽車銷售服務環境中通過「自我掌控」的體驗過程來連結（即驗證）其經驗知覺與資訊知覺。另外，除了賦權（企業必須要賦予顧客參與特定的服務流程的權限），支配更需要賦能的操弄（企業必須要精細的設計一套快速學習的過程，使得顧客有能力去體驗新產品），進而才能眞正的讓消費者在「自我掌控」的感覺中與企業價值訴求充分的互動，以及感知企業價值的存在。誠如福斯汽車白總經理所強調：「新車都是以最新的科技來發揮汽車的性能，倘若不經過試駕體驗的過程，我們就無法了解這輛車的價值。」

11.3 自助餐廳，一種近乎完全的支配

在台灣，越來越多的餐廳將原本點餐與送餐的服務流程釋放，轉而讓顧客來「自助服務」原本應該是餐廳要完成的點餐與送餐服務。而這樣的「自助服務」就隱含了「支配」的概念。

「支配」也許就是連鎖自助餐廳商業模式的核心。

或許連鎖自助餐廳發展自助服務用餐模式的初衷是爲了要簡化服務流程、降

低人事成本，以及讓消費者可以在進入餐廳的同時就立即可以用餐，增加翻桌率。然而，自助服務的用餐模式也同時形成了消費者可以在多樣餐點與菜色的選擇下盡情地享用自己喜歡的餐點而沒有消費成本或預算上的包袱。後者也逐漸成爲連鎖自助餐廳商業模式的核心價值。「自助服務」的用餐模式反映出本書強調「支配」的意涵。意即，連鎖自助餐廳就是希望消費者透過主導自己用餐的步調與內容來實際感受到它所提供的價值。

參與焦點訪談的一位受訪者強調：雖然很多餐廳都提供自助式的用餐服務，但每間自助餐廳所提供的用餐內容與價值的呈現卻不盡相同。在自助餐廳用餐，只要價格不是問題，用餐的愉悅感與支配感會比較高。他說：

> 我很喜歡去饗食天堂自助餐廳用餐，我只會選擇我愛吃的東西，不像我朋友只挑平常吃不到或是他認爲貴的東西來吃。……廚師在開放式的廚房現場烹調，雖然餐點都已陳設在餐檯上，但某些餐點我有自己的喜好，像是牛排我會選擇比較生還有瘦肉的部位。只要告訴廚師，都會特別地幫你處理。
>
> ……自助餐廳還有一個好處是，除了我可以自己主導盡情地挑選喜歡的餐點，我同時不用擔心煩惱預算的問題，吃多吃少都是一樣的錢，……少了這一層的顧忌，用餐的心情會輕鬆許多。……公司辦聚餐，大家喜歡吃的東西也都不一樣，來饗食天堂跟去一般點菜的餐廳不同，這一個棘手的問題就不是問題了。
>
> 我還去過一家 XXX 自助餐廳，裡面還可以自己煮麵，類似擔仔麵的餐點，也蠻特別的，但菜色沒有饗食天堂多。

11.4 高度限制下的支配規劃

爲符合飛行安全規範的前提下，以服務爲導向的航空公司（非廉航）其客艙環境隨著科技的進步，已經開放部分的服務流程讓旅客自己來掌控。為了要將經濟客艙影音播放系統的主導權交給旅客來控制，航空公司在客艙的設計和服務流程上，除了進行細膩的規劃之外，還必須考慮到旅客對系統的適應性，同時又能夠突顯公司的競爭力。中華航空新世代小組表示：

> 為了要汰換經濟客艙公播電影的系統，我們對於客艙的座椅及AVOD系統的選購花了很長的時間在做效益評估，畢竟是一大筆成本的投入。空勤人員除接受新系統的訓練，我們還將系統的操作流程以圖片的方式印在機內雜誌上，方便旅客辨識與操作。……同時我們也對客艙的服務流程會進行調整，例如，安全、新產品及服務等流程的訓練，旅客就可以在航程中輕鬆地享受最新AVOD隨選隨看的服務。

飛機客艙影視播放原本就是航空公司客艙服務流程的一部分。現在絕大部分的航空公司都強調每個座位都配置個人化的AVOD，每位旅客可以通過遙控器的操作隨選隨看（聽）自己喜歡的影片、音樂，或是玩遊戲等等。這種感覺就像是在家看電視或是個人電腦和影音設備一樣的自在，坐在椅子上挑選客艙系統所提供的影音節目，想要快轉、倒退、暫停或是退出挑選其它的節目，完全由旅客在自己的座位環境空間裡自由的掌控，增加在飛行途中心理層次的愉悅感。一位外國籍的受訪者表示：

> *The system stored more than 100 movies, short features, and music for me to select when the flight takes off. I could select any movies or other programs through the remote on my command, this is a sense of dominance and also increase the sense of pleasure during my flight.*
>
> （中文翻譯：系統裡有100多部電影、短片和音樂，提供我在航班起飛時選擇。我可以通過遙控器選擇任何電影或其它節目，這是一種支配感，也增加了我在飛行過程中的愉悅感。）

11.5 虛擬環境下的支配設計

在虛擬服務領域，由於整體的服務是透過網路科技設計與操作的關係，對於消費者的知覺感官與支配感的實際操作似乎是較爲抽象，操作效果的測量也似乎就像是虛擬服務環境一樣的「虛擬」的感覺。爲了要讓消費者有「身歷其境」，讓他們有感官上的反應，一般大型電商會操作代理人機制來間接式地讓消費者了解商品的特色與價值。這裡所謂「代理人機制」的操作，基本上，電商業者可以藉由代言者、直播主、KOL（Key Opinion Leader，關鍵意見領袖），甚至是消費者，在官網、社群平台，或是直播間間接地介紹、宣傳，或是直接使用說出使用心得來讓消費者間接地感受商品的特色。與 momo 購物網有長期深厚關係的永豐電商供貨業者，劉總經理說：

> 消費者確實無法在虛擬通路獲取實質的五感知覺。譬如說，我們要賣咖啡豆，我們無法讓消費者喝到及聞到，我們就會用 KOL 代言人的方式讓你相信這個品牌，因爲你會相信、會認同這位「關鍵專家」的意見或經驗，同時輔以圖表或拍攝的手法來突顯咖啡的酸度、香氣、來源、產量或是網路銷售第一名等等，這些他們需要知道的資訊。這就好像你去實體店買東西一樣，你可能也是要聽朋友或其它人介紹才能體會。

另一位參與焦點訪談的消費者，她提到她在網路上看直播買衣服的經歷。她說：

> 我經常去 XXX 正韓服飾電商買衣服飾品，XXX 闆娘在直播的時候，雖然大部分都是她自己在直播，但有時候會請模特兒，或是請消費者來弄一種叫做素人直播。我有次就聽到 XXX 闆娘在直播時說，找不同的人來直播，也許直播的過程很不受控，但是可以讓大家親眼看到類

似自己身材的人在試穿衣服，間接體驗自己穿上衣服的感覺，……每個人高、矮、胖、瘦都不一定……。還有，我們可以在直播的時候問闆娘問題，闆娘都會一一回答；我們也可以指定某一位與自己身材相仿的模特兒，或是請闆娘自己，試穿自己想要採購的穿搭組合。……這樣看過之後才能更加確定自己喜不喜歡那些衣服、飾品等等。……我也是因爲 XXX 闆娘的直播風格，才經常去 XXX 買衣服。

從上述兩個電商的案例我們可清楚地了解到，藉由「代理人機制」的操作，電商企業不僅可以間接地讓消費者了解商品的特色，更可以直接地操弄消費者的感官刺激與支配感。例如上述第二個案例，XXX 正韓服飾電商透過直播，不僅在線上及時地給消費者有著視覺感官上的刺激（相信除了衣服飾品本身，XXX 正韓服飾電商的直播風格也是吸引本書焦點訪談其中一位受訪者的原因），另外 XXX 正韓服飾電商賦權予消費者，讓消費者可以指定穿搭組合的呈現。此項操作不僅僅強化了 XXX 正韓服飾電商與消費者之間的互動關係，同時更加操弄與引導消費者支配感的發生，更深刻刺激消費者在觀賞直播時的視覺感官與正向趨近的消費行爲。

11.6 結語

作者藉由「價值傳遞與感知框架」重新詮釋支配：企業促使消費者支配感發生所操弄之價值傳遞與價值共創的途徑。企業並非簡單地將某些服務環節開放讓顧客能夠掌控服務的流程。企業在操弄消費者支配情緒的發生，必須經過細膩的規劃與設計並投入與整合適當的資源，才能有效地「調節」企業價值傳遞與消費者價值感知之間的互動關係；才能促進企業與消費者之間價值共創的發生。企業若以產品與服務爲價值主張核心，支配的操作需要開放服務流程中的部分環節讓消費者參與其中，引導顧客藉由「主導」行爲來感知產品與服務本身的價值，進而連結至企業所倡議的價值主張。

通常企業在操作支配的流程是刻意的、主動的，甚至是策略性地引導消費者進行支配行爲。這種支配的操作會使得消費者被動或無意識地提升她（他）在微觀情緒情節中的刺激與反應，的確有助於對愉悅感和價值感知的提升及增益的效果。

課後討論

1. 請回想一下，您在哪個實體的服務場域中擁有實際的支配能力。並請說明該支配活動如何透過您的感官知覺提升您對價值感知的效果？
2. 在電子商務平台購物，您是如何藉由自己的感官支配來感知該產品或服務的價值？
3. 請討論，在不同的產業中（除本書所提的個案公司外），還有哪些企業或品牌有提供消費者「感官支配」的服務？
4. 消費者的支配活動可能也是學習活動的過程，在您過去的消費經歷中，還有哪些的產品或服務是需要透過感官支配的學習過程，才能感知道價值的存在？

第十二章

價值共鳴

★學習目標★

閱讀本章後，您應該可以了解與掌握

- 共鳴的基本概念
- 凱勒（Keller）的品牌共鳴模型
- 價值共鳴的定義
- 符號價值交流與社會化的內涵
- 基於「價值傳遞與感知框架」所建構的價值共鳴發展藍圖

「價值傳遞與感知框架」所要展現的核心思維：服務場域是一個由企業刻意營造用來促進「企業價值主張傳遞」與「消費者價值感知」之間互動關係的場所。我們可以將企業依照其營運方針與策略所設計的服務場域，視爲一個專爲特定劇本（即服務流程）所搭建的舞台。企業透過演員（即員工）的演出並與參與戲劇演出的觀衆（即消費者）進行直接或間接的互動，試圖將該劇本中最重要的訊息（即價值主張）藉由整個展演的過程讓觀衆可以感受到該劇所要傳達的訊息或意涵。

藉由上述的意喻，作者想要表達的即爲「價值傳遞與感知框架」所要呈現之企業與消費者之間的「價值共鳴」現象。

12.1 何謂共鳴

共鳴，亦稱之爲共振，源自於物理界的一種自然現象，指的是當一個物體振動時，另一個物體也隨之一起振動。發生共振的兩個物體通常是以相同或是一定倍數的頻率一起震動。而在社會學或管理領域所稱之共鳴，又稱爲心理共振（也有學者稱爲共鳴效應），是一種從衆心理被觸及而產生共振的現象。例如，一個企業或個人透過某一項特定活動（如事件、說法、故事的陳述或環境的安排）觸發其從衆在心理層面的具有類似感觸，甚至是共同的反應。共鳴的發生，可以使得共振效應的啓動者對於要傳達予從衆的訊息，或是意圖影響從衆的行爲，或具有事半功倍的效果。

12.2 品牌共鳴模型

在管理領域，共鳴的概念多運用於行銷相關的研究與實務活動。共鳴最適合大衆化、消費性的產品或服務。共鳴概念運用的成功關鍵是要能夠型塑出與目標受衆的經歷或生活背景匹配的情境，致使目標受衆能夠眞切地與其生活經歷連結起來。例如，懷舊風格的商店在做行銷活動必然會呈現出難忘的歷史場景、生活經歷、人生體驗，甚至是吃過的零食或用過的物品。目的乃在於引起具有類似成長歷程的消費者注意，同時喚起其內心深處的回憶，進而造成移情作用。

凱文·萊恩·凱勒（Kevin Lane Keller, 2019）在其著作《策略品牌管理》（Strategic Brand Management），探討企業構築品牌資產模型的概念。凱勒認爲一個品牌的強勢程度取決於顧客對該品牌理解和認識的程度。此一觀點，某種程度可以理解成「品牌共鳴」的基本意涵，反映出顧客與一個品牌的關聯程度；也是凱勒所強調品牌共鳴體現品牌資產的最高層次。尤其在忠誠度的表現上，品牌共鳴促使消費者自身增強對品牌的認同和依賴；而品牌企業也會因爲品牌共鳴（忠誠度）的發酵驅動其自身品牌力的增長。

基於顧客對於某一品牌的情感與理性的連結，凱勒（Keller, 1993）於 1993 年提出知名的 CBBE 模型（Customer-based Brand Equity Model，客戶基礎的品牌資產模型，部分行銷與品牌發展專家也稱之爲「品牌共鳴模型」）（圖 12-1）用於揭示一個企業品牌的成功如何直接歸因於客戶對與該品牌的認知與態度。CBBE 模型相當程度是建構在廣告理論專家史瓦茲（Tony Schwartz, 1973）於 1970 年代所提出的共鳴模型（Resonance Model）[1]。但在凱勒的 CBBE 模型中更加細膩地詮釋一個企業如何從品牌識別的基礎爲起點，逐步向上達成品牌共鳴的境界。意即一個消費者之所以能成爲一個品牌的擁護者，她（他）與該品牌必然建立了非常緊密且積極的關係（Keller, 2001; 2019）。一旦企業與其客戶達到品牌共鳴的境地，該企業的品牌便成爲它用以識別客戶態度、行爲和利用客戶忠誠度最爲重要的資產。

1　共鳴模型強調成功的品牌廣告一定是與目標客群發生共鳴，才能讓消費者與品牌產生連結。

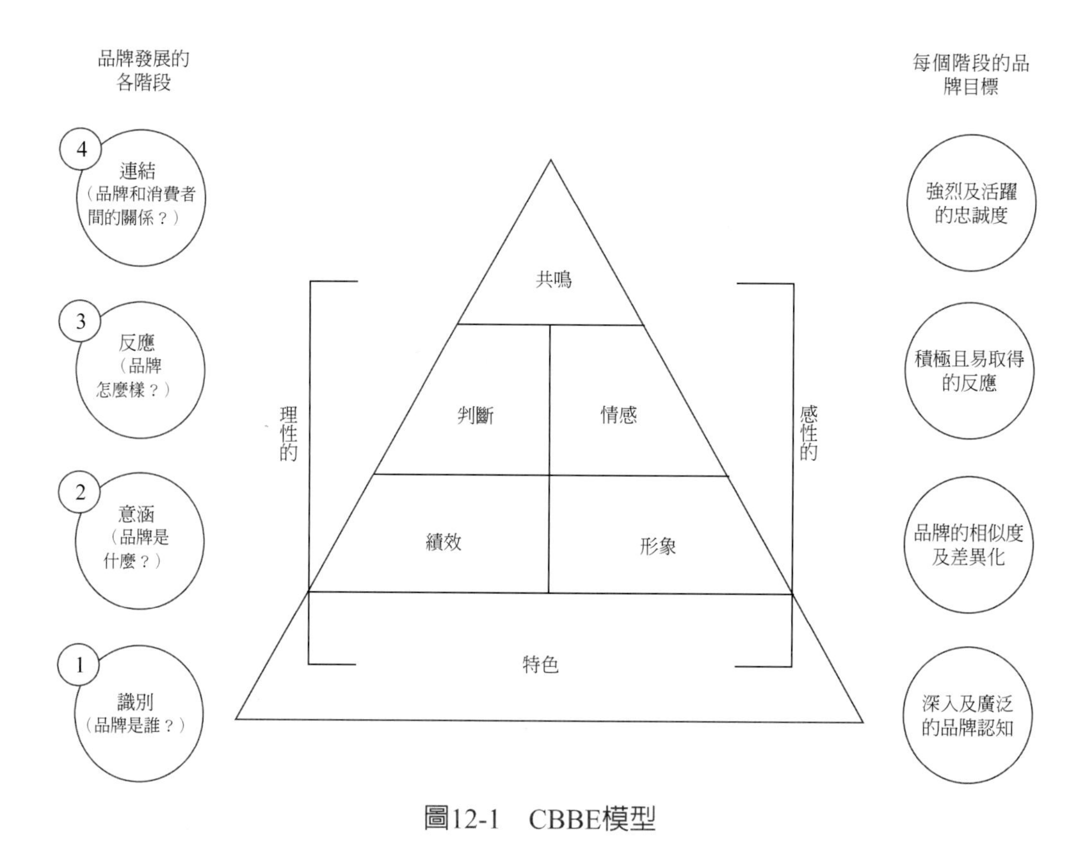

圖12-1　CBBE模型

資料來源：Keller, K.L. (2019). Strategic brand management: building, measuring, and managing brand equity. Pearson Education Limited.

CBBE 模型幫助企業從事品牌經營提供了一種具有層次與視覺性的指導原則，其中詳細說明了達到品牌共鳴所必須的推廣步驟（圖 12-1）。CBBE 模型由下而上呈現了一種金字塔形的品牌發展結構，包含四個層級與六個象限。此四個層級由下而上依序分別爲：品牌識別（Brand Identity）、品牌意涵（Brand Meaning）、品牌反應（Brand Response）和品牌共鳴（Brand Resonance）。凱勒強調，爲達成品牌共鳴的目標有兩種不同的路徑，其一遵守理性原則（Rational），另一個則爲感性（Emotional）原則。關於理性部分，企業從事品牌推廣，在品牌意涵和品牌反應的兩個發展層次上需要分別關注品牌績效（Performance）和判斷（Judgement）兩項原則；關於感性的發展途徑上，同樣是以品牌識別爲基礎，當品牌發展提升至品牌意涵和品牌反應的兩個層次上時，需要分別關注品牌形象（Imagery）和情感（Feelings）兩項原則。

層級1：品牌辨識

品牌辨識是企業從事品牌經營的第一個也是最基礎的階段。在這個階段，企業必須要讓消費者知道「你是誰」（who are you）？品牌標識最基本，也是最重要的原則就是要讓顧客能夠清楚地辨認與看待企業的品牌，同時也要能夠將其與其它的品牌區分開來的。品牌辨識扮演了支撐品牌金字塔發展的基石。區分品牌辨識的關鍵是客戶對品牌認知的廣度和深度。品牌認知的深度指的是品牌被消費者辨認出來的容易程度——消費者在聽到特定的詞語或看到特定圖像會聯想到特定品牌（如「Just Do It」連結到 NIKE；「Think Different」連接到 Apple）；而品牌認知的廣度是當消費者想起或看到某個品牌時會引發其消費行爲的廣泛程度——消費者的購買範疇（如「PChome」連結到 3C 商品；「momo」連結到美妝與生活用品）。

層級2：品牌意涵

如果消費者已經能夠辨識一個企業的品牌，他們也許會想更進一步了解它所販售的產品或服務。在這個階段，企業必須要讓消費者知道「你是什麼？」（what are you?）。消費者可能會好奇，甚至是質疑品牌與其所代表商品的關係連結，如外顯性的特質——功能、外觀、可靠性、耐久性，或是內隱性的特質，如設計風格、客戶體驗和是否物有所值。顧客之所以想要進一步去了解一個品牌，無非是想要去找出或驗證這個品牌對她（他）的意涵（意義）。凱樂（Keller）認爲，當消費者試圖去理解某個品牌的意涵時，消費者會歷經兩類型的探索過程，分別是理性和感性兩個過程。CBBE 模型界定了「品牌績效」和「品牌形象」兩個維度來分別代表消費者對於特定品牌的理性探索和感性探索的過程。

- 品牌績效：一個品牌企業藉由產品或服務的外顯特徵用以賦能消費者在理性探索的過程中理解該品牌是否能滿足其功能或經濟型的需求。如一般有形產品所提供的功能、可靠性、耐久性或價位等；服務型企業所表現有關服務流程的效率和服務人員的態度等。

- 品牌形象：消費者的社會或心理需求是內隱性的。當消費者企圖要了解一個品牌是否能滿足其社會或心理層面的需求，通常會歷經感性探索的過程。通常消費者可以藉由品牌的形象來顯示其社經地位。另外，品牌形象反射出消費者心理底層的聯想。這樣的聯想是需要藉由消費者自身的體驗或是透過口碑與廣告的傳播而形成。例如，某些高檔汽車品牌（如雙 B）或服飾品牌（如愛馬仕和香奈兒）的形象已經在消費者的心中塑造出社會、心理或兩者交融的需求特徵。

層級3：品牌反應

前述品牌的辨識與意涵，基本上反映出消費者自身對於特定品牌的印象、認知與想法。品牌反應所要呈現的是消費者自身基於對特定品牌的辨識與意涵之認知所做出向外衍生的回應，如社會擴散與消費行爲。簡而言之，品牌反應是消費者對於特定品牌探索後的反應。在此階段，企業在品牌經營必須要能夠了解消費者對與品牌的感受和信任程度，並且有足夠的能力去引導消費者作出有利於企業營運與品牌發展的品牌反應。

CBBE 模型界定了「判斷」和「情感」兩個維度來分別代表消費者對於特定品牌的理性反應和感性反應。

- 品牌判斷：是指顧客對於某品牌的產品或服務正在（或已經）做出的特定的想法或相關的決策行爲。品牌判斷是消費者理性思考並且進行相對比較後的結果，比較的基礎通常是基於品牌與另一品牌在產品或服務的質量、功能、價格、可信度、優越性與其它產品或服務的特質之間進行。
- 品牌情感：是指消費者對於特定品牌的感性行爲，反映出消費者對於品牌情感的投入與依附程度，同時也意味著消費者與品牌之間的情感連結。也正因爲是有著情感的連結，當聽到、看到或是想到某品牌時，消費者會有意識或無意識，在情緒基模的驅動之下作出情感或情緒性的回應。這些回應主要包括熱情（冷漠）、激動（消沉）、愉悅（憤怒）、安全（不安）、自尊（自卑）等。

在品牌反應的級別上，消費者的判斷和情感很多時候是交互影響的。雖然在理論上我們可以將判斷和情感的回應區隔開來，但是當我們在兩個（或多個品牌）之間作理性比較與決策的過程中，很難不受情緒或情感因素影響。例如，一位長期使用 Apple 手機的果粉（Apple Fans）因爲某些理性因素的限制而必須要更換及採購 Android 系統的手機。我們或許可以想像她（他）在情感上的不捨、掙扎與不願意；或是她（他）會因爲情感的驅動，積極地排除那些理性因素限制（即使要負擔更高的成本）來更換新的 Apple 手機。而後者所呈現的對 Apple 品牌的忠誠與積極態度，某種程度已展現其對 Apple 的品牌共鳴。

層級4：品牌共鳴

品牌共鳴位於 CBBE 金字塔模型的最頂端，象徵企業經營品牌資產的最高境界，同時也展現這個企業在 CBBE 模型各個層級與維度的品牌經營都具有很高程度的水準。消費者對於特定品牌的共鳴表現反映出消費者和該品牌之間的堅實的連結與互動關係。企業可以透過四項指標來衡量其品牌與消費者的共鳴程度：(1) 忠誠度，消費者對於特定品牌的積極與喜愛程度，認爲是優越或特殊，在消費行爲往往表現在重複購買（或回購）的頻率與數量上；(2) 歸屬感，反映出消費者與品牌之間的特殊連結，甚至基於此品牌的社會化過程而形成一種類次文化的現象；(3) 主動參與，消費者會主動關心品牌相關的訊息，積極參與品牌企業所舉辦的相關活動；(4) 分享與推薦，除了自己購買品牌商品，消費者也會分享品牌訊息和推薦商品給周遭的人。

12.3 價值共鳴發展藍圖

接續 CBBE 模型的討論，作者意欲利用 CBBE 模型發展品牌資產的概念地圖來延伸討論消費者與企業之間的價值共鳴。其中重要的手段必須要促進消費者與企業之間價值觀的交流與融合。換言之，價值共鳴可以被定義爲企業與消費者之間的價值認知的關聯程度。正如貫穿本書所要傳達的基本理念：企業價值傳遞與顧客價值感知之間的關係。

如同 CBBE 模型，品牌資產的發展整合了「理性」與「感性」的途徑，強調企業價值傳遞與顧客價值感知之間的關係，消費者對於企業價值感知同樣也包含了「理性」與「感性」兩種價值感知途徑。更細膩的說，無論就消費者的微觀、中觀和宏觀等不同層次的價值感知過程，消費者與企業價值觀的交相呼應必然融合了「理性」與「感性」兩項感知維度。另一方面，無論是消費場域之外或之內，企業必須要有能力將其價值主張有效傳遞。從本篇我們對於價值傳遞與感知框架的討論了解，在消費場域之外，企業價值主張的傳遞主要的目的是要建立或觸發消費者的經驗知覺與資訊知覺；而消費場域之內的活動則是要引導消費者情緒效價的正向發展，進而感知企業的價值主張。

企業可以依循下述四個階段用以有效地引發企業與消費者之間的價值共鳴。

1. 構建清晰的價值主張，吸引消費者進入到企業的消費場域

要想使消費者對一個企業產生價值共鳴，首先應該使消費者認識並了解這個企業的價值主張。一個企業不見得有實質或外顯形式的品牌，但它一定有其倡議的理念與價值訴求。唯有清晰地傳遞了價值訴求，消費者與企業之間的聯繫才有機會因爲具有類似的價值傾向而開始逐步發展，企業才有機會更近一步地取得消費者的認同。

派翠克・范德皮爾（Patrick Van Der Pijl）[2]強調，清晰的願景具有定錨的作用。除了能夠清楚指出企業策略發展的方向，願景同時也會驅動企業去定義和建構新的商業模式，而建構商業模式的首要工作就是定義價值主張。換言之，價值主張的設計必須要有清晰的願景做爲指引。接下來的工作便是要設定或尋找目標受衆。

設定目標受衆不單純只是找到你（企業）認爲的一群人，然後向他們規劃通路和設計推廣方案。企業必須要更進一步的理解與描繪這群人的喜好、生活方式、習性，甚至於生活的步調，也就是要去了解目標受衆相對於企業價值倡議的可能行爲。基本上，企業可以藉由思考目標受衆的⑴需求、⑵需求產生的原因、⑶在什麼樣的情況下會使用產品或服務，以及⑷使用產品或服務之後的反應，來去推論目標受衆的行爲。一旦企業可以清晰描繪目標受衆的範圍與行爲，便可以眞實地換位思考，去理解與掌握目標受衆的樣態、習性與需求，進而有效地從事價值主張的設計。

在第一個階段的最後一個步驟，企業要做的就是要吸引消費者上門。無論是實體、虛擬或虛實兼具，也無論如何去定義價值主張和理解目標受衆，如果企業無法吸引目標消費者進入到它的服務場域，價值共鳴就只是一個遙不可及的夢境。尤其是對於那些尚未在你（企業）的服務場域體驗過的消費者而言，要讓他們進入到你（企業）的服務場域最爲關鍵的途徑是要刺激他們的資訊知覺。刺激目標受衆的資訊知覺的管道就是在行銷管理常提到的推廣組合（Promotion Mix）或溝通組合（Communication Mix）的設計與執行。

行銷推廣組合的設計大致包含五種工具，分別是：廣告、人員銷售、促銷活動、公共關係和直效行銷。當這些行銷溝通組合運用到網路環境時，就變成了網路廣告、網路人員銷售、網路促銷、網路公共關係，和網路直效行銷。通常網路人員銷售比較難以用直接的聯想來了解其溝通的方式。其實，網路人員銷售指的是運用人工智慧科技所發展的智慧型代理人銷售的應用。現今，除了網路行銷，

2　暢銷書《獲利世代》（Business Model Generation）監製。

在行銷領域更為強調整合行銷溝通（Integrated Marketing Communication, IMC）的重要性。企業可以依照其商業特色和目標受眾的差異來設計溝通工具的組合，以確保溝通組合的所有因素能相互協調，傳達相同的價值訊息予目標受眾，達到宣傳和吸引消費者的效果。

2. 創造能夠展現價值主張的服務場域

服務場域的設計與建構需要能夠清晰地傳遞價值主張。若價值主張的設定是以企業的產品或服務為核心，服務場域的設計應突顯產品或服務的價值。企業與消費者交流最重要的媒介就是產品或服務。雖然企業不盡然會以產品或服務最為其倡議價值主張的核心，但消費者對於企業價值的感知絕大部分是聚焦於企業所提供的產品或服務。

另外，除了要注意空間和情境氛圍的安排需符合價值主張的調性，服務場域的空間設計應該要注重符號價值的交換。無論商品和消費場域都扮演著溝通者角色，都具有符號象徵的功能。在現代社會之中，符號消費已經是消費主流趨勢，尤其是在資本主義自由競爭的市場環境中，資產階級為了要展現其經濟實力，往往會把貴重或新穎的奢侈品或到所謂的高檔餐廳用餐作為財富的炫耀符號，試圖通過商品或是消費場域的符號象徵獲得社會地位和社會尊重。

基本上，商品或消費場域的符號化已經一種社會化的潛在共識，在消費市場中逐漸形成了一種消費文化和意識象徵。對於企業而言，企業可以藉由符號元素的安排來彰顯其價值與文化底蘊。通過文化意涵的注入，使得服務場域之中生硬的物質元素轉換成為能夠傳遞價值意涵的符號元素。對於消費者而言，符號價值交換也是一項消費者對於服務環境中價值線索的抽象萃取能力。對於消費者和企業而言，符號元素與空間的構築是一種情感、意象和意義交流的直接途徑。

3. 注重服務流程的設計，引導正面的情緒反應，促進消費者的價值感知

服務流程的設計必須要注重顧客進入到服務場域中每一個會接觸到的服務內容。無論是首觸點（如步驟 2 的服務空間、氛圍和符號意象）、核心觸點（即主

要的服務內容）和末觸點（如顧客離開服務場域的流程），都是消費者微觀情緒、中觀體驗，乃至宏觀價值產生的重要依據。例如，消費者在結帳離開前去了廁所，但發現廁所太髒（末觸點），即使餐點與服務再好（核心觸點），消費者可能就不會再回來消費；網購 APP 的操作界面不好（核心觸點）致使顧客中途就放棄購買。這些都是服務流程疏失可能導致無法彌補的關鍵負面體驗。總而言之，如何透過服務流程的設計引導消費者正面的情緒反應，加深消費者的體驗，是企業增進與消費者情感連結的關鍵活動。如此，消費者才能更能夠理解企業的價值，促進價值共鳴的產生。

除了注意服務觸點的每項細節用以引導顧客情緒情節與效價評估的正向發展，服務流程的設計需要強調消費者與服務環境中各項元素的互動，尤其是人員和其它關鍵的符號元素。無論是實體或虛擬，服務場域並非僅僅只是銷售商品的據點，**它的定位應具有策略性的意涵——價值主張的彰顯與傳遞**。而適時且適當地讓消費者與服務環境中的各項價值元素產生互動，是促進企業價值傳遞與消費者價值感知關係連結的必要干預手段，如適時地說明產品的設計理念與功能、網路服務公司開辦網路廣告投放課程、介紹餐點特色與點餐流程、電商舉行直播活動等等。

對於促進消費者的價值感知，「支配」也是一項重要的管理干預手段。支配的操作是企業主動將服務流程中開放某個或某些特定的服務環節，讓消費者可以掌控特定的環境元素來強化消費者在微觀情節中的情緒刺激與感觀支配，進而對企業價值傳遞和消費者價值感知的關係連結產生調節增益的效果，更甚至開啓了企業和顧客共創價值的空間。如在第十一章所討論汽車銷售的試駕、消費者在直播活動中指定服飾穿搭，以及本書把「支配」視爲是連鎖自助餐廳的與消費者共創價值的核心。這些都是在服務流程加入的「支配」元素的典型案例。

4. 建立消費者與企業的共鳴關係

當企業已經通過與落實前面三個階段，事實上，它已經與消費者的價值交流達到一定程度的共鳴程度。言下之意，企業已經能夠清晰地傳遞其價值主張；消費者也能夠感知到企業所要傳遞的價值訊息。然而，前面三個階段主要的活動是屬於企業內生性的活動，即使在第一個階段企業利用行銷推廣組合與 IMC 來吸引目標受眾，仍舊是企業內部的活動範疇。在第四個階段，企業必須要能夠鼓勵已經體驗並有正向評價之消費者的口碑傳播，促進他們經驗知覺的轉換成為一種具有傳播力的價值符號，同時分享這樣的價值符號。

消費者對於企業的價值感知是一種持續性的活動，並不侷限於服務場域內的體驗，也有可能是來自或融合了她（他）的經驗知覺與 / 或資訊知覺。經驗知覺可能來自於消費者對同一企業過往的消費體驗，也或許是類似的消費經驗；而資訊知覺則來自於消費者對該企業的主動或被動蒐集到的資訊，並且轉換成一種價值的預判（即腳本或基模）。對於企業而言，消費者的經驗知覺和資訊知覺便是外生性的因素。對於那些沒有實際體驗過特定企業產品或服務的消費者而言（正如價值共鳴第一階段的情況），資訊知覺可能是形成她（他）對該企業價值符號的最主要來源。正如前段的內容所言，這些被刊載、傳遞與分享的資訊，其實就是企業本身意圖營造或其它消費者存留在內心對於該企業的價值符號。

在台灣，好市多的價值符號在多數消費者的心目中可能是「退換貨不囉嗦」和「高性價比」。對於這樣的價值符號，消費者的感知除了透過自己親身的消費體驗，同時也可能整合了其它會員的口碑與分享，或是新聞媒體等多方面的資訊匯集，即使是那些沒有去過好市多的消費者，多數也都有著相同的符號印象。又例如，在虛擬的世界裡，momo 購物網與消費者價值共鳴也是基於同樣的模式運作。momo 特別善於運用行動通信與社群媒體不時地發送最新的訊息給它的會員，momo 也會在購物平台上舉辦各式各樣的活動，如團購和限時搶購等。這些活動的內涵大多是與女性和生活消費商品有關，充分反映到 momo 與女性消費者的連結，以及 momo 強調「物美價廉」和「生活大小事、都是 momo 的事」的價值訴求。不僅如此，這些活動同時能夠有效地串聯同質性的消費受眾，達到口碑傳播和分享的目的，在潛移默化之中促成共同符號價值的生成、交流與擴散，進一步增進 momo 與消費者間的價值共鳴。

12.4 結語

現代消費環境因為網際網路的發展，加上同質性商品或服務的競爭，消費者的消費選擇日益增多，企業要想要維繫消費者的忠誠度變得越加困難。價值共鳴的發展可以使得消費者與企業，甚或是消費受眾之間，眞正達到以符號價值為核心的情感和意義的交流。

顧客感知到企業的眞實價值不僅僅是來自他們接收與消化在服務場域外的各種訊息（資訊知覺），也涵蓋他們在服務場域內的體驗感受，包含當下（體驗與驗證）與過去的體驗經驗（經驗知覺）。消費者的經驗知覺是促成企業符號價值交流的基本元素；他們資訊知覺的產生是企業符號價值社會化現象；而他們在服務場域內的體驗感受（從微觀、中觀，乃至宏觀的價值感知）則是他們對於符號價值的驗證與新生的過程。

在本章中，我們融合「價值傳遞與感知框架」和品牌共鳴模型，構築企業發展價值共鳴進程的階段藍圖。依序為「構建清晰的價值主張，吸引消費者進入到企業的消費場域」、「創造能夠展現價值主張的服務場域」、「注重服務流程的設計，引導正面的情緒反應，促進消費者的價值感知」，以及「建立消費者與企業的共鳴關係」等四個階段。當顧客的在服務場域外的經驗知覺或資訊知覺融合了其在場域內的體驗感受，並與企業彰顯的價值主張產生共鳴的同時，即價值傳遞與價值感知發生了高度的互動影響。消費者所感知到的價值與企業倡議的價值主張應該是契合與一致的。

課後討論

1. 描述企業發展價值共鳴的階段。
2. 討論消費者的資訊知覺在企業發展價值共鳴的過程所扮演的角色？企業應如何刺激消費者的資訊知覺？
3. 討論消費者的經驗知覺在企業發展價值共鳴的過程所扮演的角色？消費者的

經驗知覺所代表的意義爲何？

4.討論企業如何營造企業的符號價值，以及符號價值的社會化過程。

5.請問消費者在服務場域內的體驗感受，包含微觀、中觀，乃至宏觀的價值感知過程，他們是如何驗證與新生某企業的符號價值。

參考文獻與資料

1. Keller, K. L. (1993). Conceptualizing, measuring, and managing customer-based brand equity. Journal of marketing, 57 (1), 1-22.
2. Keller, K. L. (2001). Building customer-based brand equity: A blueprint for creating strong brands.
3. Keller, K. L. (2019). Strategic Brand Management: building, Measuring, and Managing Brand Equity. Pearson Education Limited.
4. Schwartz, T. (1973). The Responsive Chord, Anchor. Garden City, New York.

第四篇

企業個案

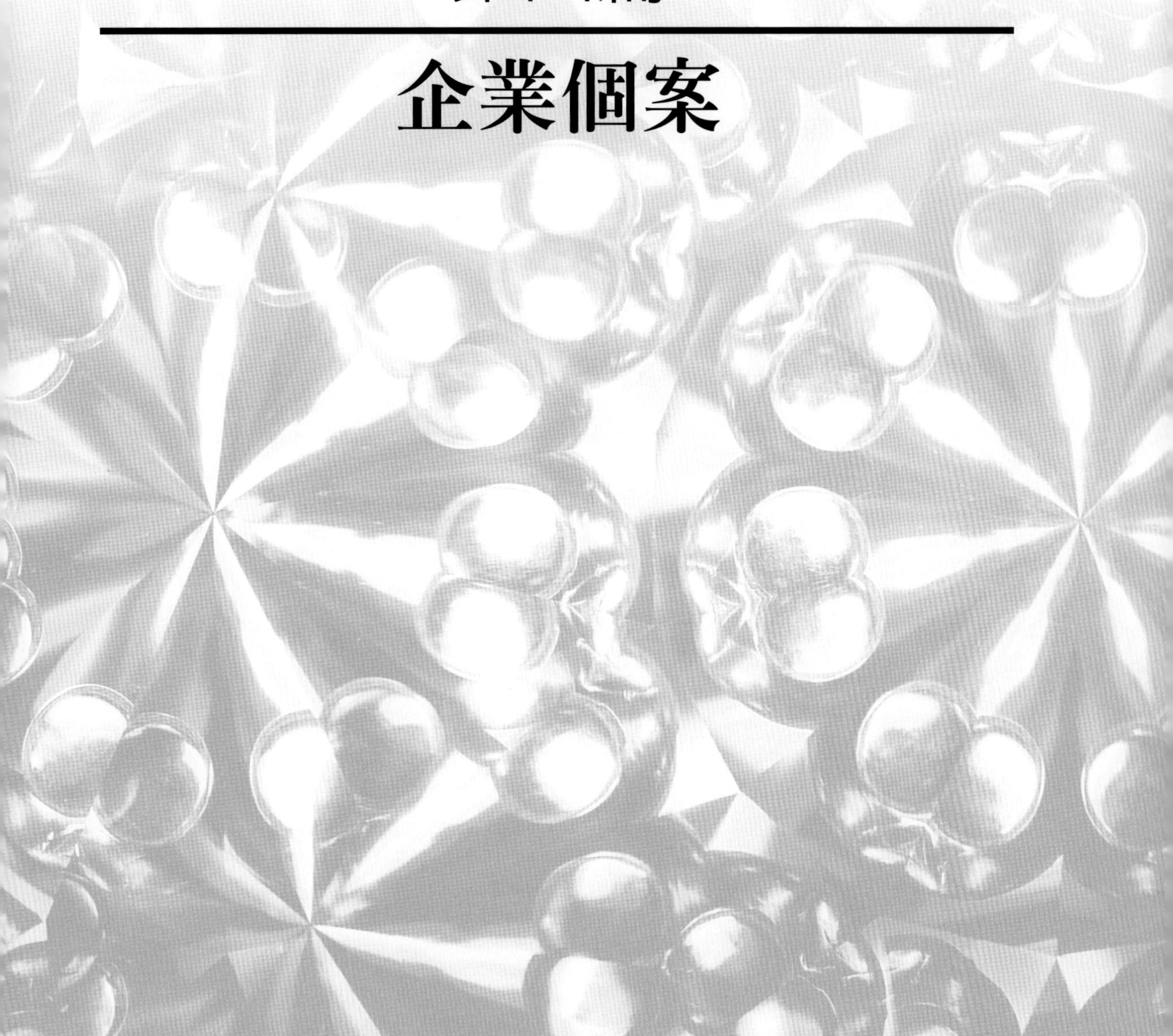

本篇將六家企業的訪談內容，以歸納的方式進行更爲深入與完整的敘述。每個案例的撰寫均以「個案基本資料與發展沿革」、「價值主張說明與變革」、「組織服務環境與服務流程」、「市場或消費者的價值認同及財務績效表現」等五個層面進行闡述。

這六個企業的案例包含：饗食天堂、瑞典宜家家居（IKEA）、德國福斯汽車（Volkswagen）、台灣好市多（Costco）、中華航空與 momo 購物網。前五家企業爲國、內外著名的企業，針對這些個案公司以聚焦實體的服務場域描述；第六家個案企業則爲台灣執龍頭地位的電子商務公司，將著重於虛擬服務場域的獨特性及價值性。

本篇針對這些個案的撰寫內容，除了依據作者所進行的實地訪談文稿外，同時參考次級文件與網路的資訊補充，祈使個案內容的呈現更爲豐富與眞實。

個案一

饗賓餐旅
饗食天堂（Eatogether）自助餐廳

個案圖　饗食天堂

資料來源：取自饗食天堂臉書相片

個案基本資料與發展沿革

「饗食天堂」為「饗賓餐旅事業股份有限公司」旗下最重要的自助餐飲品牌。董事長是陳啓昌先生，總經理陳毅航先生負責經營旗下八個餐飲品牌，55 家分店，各一個電商平台及外帶（送）平台[1]，為目前台灣規模最大的連鎖自助餐飲龍頭。該公司並非上市上櫃的企業，隨營業規模逐漸擴大，刻正規劃朝 2025 年掛牌上市的目標邁進。

「饗食天堂」這個品牌的興起，故事要回到民國 60 年從承包桃園復興路上的農田水利會員工「福利餐廳」開始說起。創辦人陳朝全（應是陳啓昌董事長家族的長輩）以「物美價廉」的經營方式，很快就成為桃園火車站附近最受歡迎的餐廳。到了民國 72 年將過去經營 10 多年「福利餐廳」的理念及營運模式搬到桃園中正路正式成立「福利川菜」自有品牌（圖個 1-1），該餐廳可容納三百桌宴席，算是國內最大的「川菜餐廳」，後來就慢慢將所累積的廚藝經驗展現出來，逐漸成為桃園地區知名的川菜品牌。

圖個1-1　福利川菜

資料來源：作者拍攝

1　截至 2022.03.30 資料。

民國 88 年左右，因桃園客運中壢轉運站要進行改建工程，當時由家族成員完全主導「福利川菜」的組織與營運，於是決定將該轉運站的三及四樓承租下來，於民國 90 年在中壢正式成立第三家「福利川菜」。中壢店除將原本福利川菜的核心技能保留之外，更納入西式、日式及甜點廚藝的發展，使成為日後發展「饗食天堂」自助餐點的重要基礎。

公司有了「中壢店」中／西餐點百匯開店的基礎後，很快的於民國 91 年在桃園蝶蝶百貨（現為新光三越百貨）成立第四家分店，更名為「饗日式百匯」餐廳，更邀請國內知名的陳瑞憲老師擔任餐廳的裝潢設計師，將視覺美學的元素自然的融入到員工制服、餐具及用餐的環境中，成為桃園地區最具時尚感及營業額最高的餐廳。「饗食天堂」這個自助餐廳品牌，是公司累積超過 30 多年在地深耕的經驗，於民國 95 年七月首次跨出桃園進軍台北內湖地區，正式更名為「饗食天堂」品牌。內湖店成立的第一年就創下新台幣 1.4 億的營業佳績，爾後該系列的分店均以「饗食天堂」命名。

鑑於餐廳朝多角化經營及事業體日漸茁壯，對於各餐廳的管理、銷售、人資、採購、財務、研發等均須朝流程改善及導入 ERP 等資訊化的整合，於民國 96 年進行籌備「總管理處」，並於民國 98 年 5 月成立「饗賓總管理處」，後更名為「饗賓餐旅事業股份有限公司」。

該公司於民國 101 年啓用「中央廚房」，隔年取得 ISO22000（食品安全管理系統）及 HACCP（危害分析重點管制點）的衛生認證，餐點烹調完全遵循衛生標準製程，供應旗下如：「福利川菜」（小福利火鍋）、「饗食天堂」、「開飯川食堂」、「果然匯蔬食」、「珍珠台灣家味」、「饗饗」、「饗泰多」、「旭集和食料理」等各具特色的實體餐廳品牌，及電商平台「饗在家」，外帶外送平台「饗帶走」等全台 55 家分店多達 200 種以上衛生及品質穩定的料理。

「饗食天堂」於民國 103 年榮獲天下雜誌「金牌服務業調查」中式東南亞餐廳銅賞，亦為全台唯一進入該榜前三名的自助式餐廳。該餐廳目前全台共 10 家分店，陳董事長說饗食天堂每一家店都維持的一貫的設計主軸，但會呈現不一樣的風格，會比較活潑。採購部林主任也接著補充，主要是因為餐廳從北到南都有分店，且饗賓的客人及朋友很多，都會請朋友去吃飯，希望各地的消費者能夠體驗每一家饗食天堂不同的裝潢特色，同時感受到餐廳所提供多面向精緻的美食盛宴，及接受細膩的服務，創造出「饗以盛宴、賓至如歸」的用餐體驗。

價值主張說明與變革

價值主張這個名詞及內涵對台灣多數的本土企業較為陌生。雖然如此，但公司會針對營運方針及其使命，規劃出企業提供消費者在實體服務場域中的承諾。「饗食天堂」雖然承襲了「福利川菜」的廚藝底蘊，但對「物美價廉」的價值承諾並未完全的移轉到「饗食天堂」。相反的，「饗食天堂」成立之初，似乎想要定位成為集團內第一個高檔百匯自助餐品牌的典範，希望以「美食如天堂」、「饗食心體驗」及「饗食新體驗」的態度，提供消費者「饗以盛宴、賓至如歸」的價值承諾。對於經營「饗食天堂」餐廳，陳董事長強調：

> 其實經營自助餐廳最大一部分的價值，就是給消費者創造出「視覺的享受」，因為客人不見得會吃那麼多，但他一定會看到很多，會很豐富，有那麼多樣式的餐點。有時候我請客帶客人來的時候也會覺得很有面子。其實公司成立「饗食天堂」這個餐飲品牌的時候，公司文化是希望能夠形成台灣最受期待的餐飲集團，也希望顧客來用餐的時候能感受到「饗以盛宴、賓至如歸」的感覺。

「饗以盛宴」的「饗」是一種自我期許，希望能讓顧客在用餐的場域能從「分享」佳餚開始，陳董接著說：

> 在我們古老的中華飲食文化裡，「滿漢全席」代表頂級享受帝王級的饗宴，其實那時候一般的平民老百姓是沒有辦法接觸到這一塊，那就一直演化到現在。其實現代餐飲 Buffet 所呈現的「視覺感」相對以前

的古代，就是滿漢全席的概念。所以我們希望來我們店裡用餐的客人除了享受滿漢全席的這種感覺外，還要將好吃的料理「分享」給其它人，讓這個用餐的場域瞬間變成「盛宴」。相對於「饗以盛宴」，「賓至如歸」這部分我們確實花了很長的一段時間去調適及思考經營自助餐廳要如何提供？」

前幾年我們根據過去的經營經驗及腳步一直在慢慢地調整，公司的文化大概是在2016年左右才底定。早期剛開始經營自助餐的時候，我們提供「桌邊服務」希望可以提供客人有被服務到感覺，但後來發現這種「直接性」的服務並未完全受到客人喜愛，反而造成顧客的抱怨及滿意度下降。後來發現主要的原因為，桌邊服務烹調後的餐點客人沒有立即食用，等到要吃的時候，才發現餐點的溫度都下降了，餐當然不會好吃了，當時我們並未考慮到客人對於餐點冷掉之後的感受。

當我們在開第一間「饗食天堂」的時候，就請設計師規劃廚房要以開放式的方式來展現，希望客人可以到廚房的餐檯上「現點、現看、現拿」，除可以保持餐點的溫度及品質外，廚師在烹調的時候也能與客人有所互動。譬如說，現場廚師要主動招呼，或是烹好的菜在餐檯上擺了一些時間，當客人回來取餐的時候，廚師會說，您稍等一下，我幫您加熱等等。這些枝微末節的貼心服務，就是要讓客人感受到我們是為你這份餐著想。此外，我們要求外場服務人員與用餐的客人保持正常的「若即若離」的距離就好，不用過多及刻意的與客人噓寒問暖，有的時候客人是希望靜下來好好的享受及好好的吃東西，因為你來（服務生）問客人問題，他還要想辦法回答你的問題，對他來講也是一個心理上的負擔。

總結陳董事長的談話，經營自助餐廳還是要回歸提供好的食材，再搭配服務的細節及貼心的關懷，就能創造出「賓至如歸」的感受。

組織服務環境與流程設計

自助餐廳的服務環境及流程與其它服務場域最大的差異爲，企業試圖在服務場域中開放部分的服務流程讓消費者親自參與，透過這種「內部創造」的過程試圖創造出消費者對企業所倡議的價值主張。

「饗食天堂」自助餐廳爲了要營造顧客可以感受到「饗以盛宴、賓至如歸」的價值感，陳董事長說：

> 我們第一家「饗食天堂」的服務場域會根據我們所要提供的服務委請陳瑞憲老師進行設計，其它各地區的分店也會根據既有的基礎及當地的特色，請專業的設計師進行提案，我們希望每一家店都會有不同的特色及氛圍，但一定會保留「饗食天堂」的基本元素，這是我們品牌的特色。

大多數的自助餐廳一定有不同區域的取餐檯，但不一定會投資建置開放式的廚房。但「饗食天堂」餐廳堅持「現煮」及「互動」的經營理念，將冰冷的「開放式廚房」形塑成爲一個讓顧客能感受到服務有溫度、食材夠新鮮衛生及情感能交流等感官體驗的匯集點。陳董事長接著強調當初餐廳堅持要建置「秀廚（開放式廚房）」的初衷，他說：

> 我們小時候都會站在媽媽的背後看她煮菜及幫忙，除了看她烹調這些新鮮食材的過程外，還會感受到媽媽幫全家煮飯的辛勞及偉大。我們開餐廳也是一樣，發現客人很喜歡看廚師做菜，這原因和我們小時候站在媽媽背後看她煮菜是同一個道理。客人就是覺得廚師很權威很厲害，在秀廚中可以親眼看廚師拿眞材實料在現場烹調，就會讓客人感覺吃到是新鮮菜色的概念。
>
> 後來我們有了「秀廚」之後，更發現客人不只喜歡看廚師做菜，其

實是享受看廚師烹調的過程及樂趣。譬如說，我們北部的顧客很喜歡喝「蛤蠣湯」，後來發現客人喜歡喝的原因。這個湯是用小砂鍋烹煮，客人都喜歡在秀廚前面看蛤蠣在烹調過程中開口瞬間的感覺及樂趣，就發現客人的等待及所期待的「蛤蠣湯」，就是要親眼看到蛤蠣在砂鍋中烹煮開口的瞬間，就會感覺這蛤蠣湯「很新鮮」。同樣是「蛤蠣湯」，若煮好了再復熱，顧客反而不會覺得稀罕，或甚至產生不新鮮的感覺，這就是顧客心理層面的問題，也是我們建置「秀廚」的初衷。我們就是希望顧客可以在「秀廚」前面「現點、現看、現拿」，除創造自助餐「視覺享受」的價值外，還敦促廚師多和客人互動交流，增加服務的溫度及「賓至如歸」的感受。

「蛤蠣湯」在秀廚只是其中一個例子。饗食天堂還有很多的熱菜（鍋），都是在「秀廚」烹調好後放在自助餐檯上，供顧客取用，爲了強調食材的眞材食料，突顯「饗以盛宴」的價值，饗食天堂都會透過行銷及其它的方式與顧客溝通，讓他們知道所提供的食材都是好東西。陳董事長接著強調及解釋：

市面上約95%的蝦仁都是用有添加硼發劑的，口感較脆，會誤以爲比較好吃，但我們不會使用有添加「硼發劑」的蝦，所以吃起來會比較硬，但對身體是好的。所以我們會透過外場服務人員與秀廚的廚師與客人溝通，但發現來我們這裡的客人是很內行的，也創造了許多口碑。還有其它的稀少、量產的好食材，如「澎湖火燒蝦」及「肋眼牛排」等，我們也會在自助餐檯上將這些重點食材的「產地及特性」等訊息以餐卡的方式呈現出來，讓我們的客人知道，結果只要有標示的，其取用量都增加一倍。

我們知道餐飲進入的門檻不高，但經營的門檻卻很高，因此在「饗食天堂」餐廳用餐的客人不可能發生「東西不好吃」及「好東西怕人家吃」等這兩個因素。所以我們的食材成本控制良好，其成功之道就是告訴消費者，我提供的都是新鮮、稀有、量產及當季的好食材，我不怕你吃，餐點也一直出，也不擔心你拿不到，增加出餐的份量及循環，達到「饗以盛宴」及「永續經營」的目標。

市場或消費者的價值認同

饗食天堂對消費者所倡議「饗以盛宴、賓至如歸」的價值主張，從民國 91 年衣蝶百貨店第一家店開幕至今，共經營全台北中南共 10 家分店 20 多年的歷史，持續秉持餐飲業「食材高級、好吃及安全」的基本原則，再深耕「饗以盛宴、賓至如歸」的價值主張，若基本都沒做好，後面的的價值主張也只是口號。陳董事長說：

我們食材及原物料的來源都來自於衛生合格的大廠，除選用合格的廠商外，該廠商還具備口碑及信用，我們才會使用。因爲該品牌它在市場上有一定的評價及定位，因此它是可以被信賴的廠商。現在我們品牌這麼大，若衛生局稽查發現問題，商譽會受到嚴重的影響，所以我們品牌的後面有很大的包袱，一定要讓消費者信任我們的品牌，在食安的問題上面絕不妥協，所以我們在 2014 年的「食安風暴」我們完全沒有受到影響，奠定了我們品牌在消費者心目中好吃安全的共鳴。

當然「好吃及安全」是經營餐飲的基本原則，每一家都在做，要做到比別人強、有差異性，還是要回到餐廳的價值主張是否受到客人的回饋。陳董事長對於價值認同這部分回應如下：

其實我們集團品牌一年大概有超過 500 萬左右的來客數，且每年成長，某種程度對於我們所提供餐點的多樣性是表示贊同的。來客數是一個很準的軸線，只要這個軸不下垂，且呈現平穩的上升，就表示我們做的事，對的比較多。我更認爲，滿意度比獲利還來的重要，滿意度可以讓餐廳永續經營，獲利就不一定，有時越衝刺獲利，滿意度反而下降，那對公司也不是一件好事。

爲了要反映滿意度的即時性及眞實性，「饗食天堂」餐廳於結帳時提供「滿意度問卷的 QR Code」，統計後發現，該餐廳的客群約 50% 屬常客，採購部林組長說：

客人會再回來，是因爲他們知道我們有很深的中菜廚藝背景，想吃我們的經典菜系，也有些客人知道我們的菜色會不定期的更換、升級及創新而再回來。

陳董事長接著補充：

最近餐廳推出很多新菜色的升級，如肋眼牛排，每天晚上各分店打烊後都會傳回每一時段的來客數、客單價及採購量數字都是爆增，那就是反映，因爲用料實在、烹調好吃，客人就會去拿，所以當初的設定是對的。雖說滿意度問卷也是參考的依據，但問卷沒有那麼的即時，但客人的來客數及實際拿取的狀況是最即時及實質的資訊，也是對我們最好的回饋。你要說我們的價值主張客人滿不滿意，客人的即時回饋最大的公約數就是看「來客數」就知道了。至於網路上客人的閒言閒語，都是不吃的人在網路罵，這部分參考就好，還是要以實際消費人數爲準，消費者是用腳來投票的。

另外，作者訪問消費者對「饗食天堂」所提供服務與價值認爲，該餐廳所提供的「現點、現場烹調」所涵蓋的菜色非常的廣泛，包含了日式壽司、炸物、西式的羊排、生蠔、披薩、天使紅蝦及中式湯鍋等，這些現場烹調出來的食物吃起來都會特別的新鮮及好吃，當然服務及用餐環境也都非常的用心與舒適。其中一位消費者表示在開車的時候，還不時的看到該餐廳的公車車廂廣告及聽到收音機廣播中所推出的新菜色或優惠方案等，最近更推出「iEAT 饗愛吃」的 APP，許多新的訊息及好康優惠都會透過手機的推播讓他們知道，也提供即時線上的訂位服務，這些服務都是促使他們會再次前往用餐的主要原因。

從上面的訪談資料可以發現，消費者對於「饗食天堂」價值承諾的回饋是建立在食品衛生安全及優良品質的「信任感」之上，後續客人來客數的多寡才能反映出該餐廳所倡議「饗以盛宴、賓至如歸」價值主張的認同感與共鳴感。

財務績效

「饗食天堂」這個餐飲品牌的母公司「饗賓餐旅事業股份有限公司」並非上市上櫃的企業，相關的財務細節與績效無法從公開資訊獲得。但饗食天堂是國內最大的自助餐飲集團，對於集團的營業表現在電子數位媒體均有相關的報導。根據聯合新聞網及中央通訊社 2021 年 1 月 14 日「饗賓餐旅今年展店 15 家、朝餐飲界台積電目標挺進」及「饗賓集團逐年放大規模、估 2024 年掛牌」的報導，可看出該集團2020年的營收及獲利資訊，更針對未來集團的營運設下營業目標。

2020 年該集團自結全年營收達新台幣 37 億，較去年成長 2 億，年增 5.7%，稅後純益超過 1 億元，每股稅後盈餘達 3 元，能在疫情期間有此獲利實屬不易。2021 年看好後疫情的餐飲商機，旗下的各餐飲品牌（除饗食天堂外）均有展店的規劃，預計要擴增 15 家新店，2021 年營收約新台幣 36.8 億元，並預估 2022 年營收可達 60 億元。根據該集團陳毅航總經理表示，受惠於 2012 年所設置的中央廚房及 IT 等資訊系統，讓公司的淨利逐年提升，規劃未來四年營業目標每年成長 15 億，2025 年營收及市值都能超過百億元大關，每股盈餘上看 10～12 元，挑戰 2025 年股票上市的計畫。

「饗食天堂」是集團所有的餐飲品牌中經營最久，也是高檔自助餐廳分店家數最多的品牌，更是該集團獲利的主要來源。

參考資料

1. 福利川菜官網（2021），關於福宴。http://www.fuli.com.tw/about
2. 黃淑惠（2021）。饗賓餐旅今年展店15家，朝餐飲界台積電目標挺進。聯合新聞網。https://udn.com/news/story/7241/5174339
3. 江明晏（2021），饗賓集團逐年放大規模，估2024年掛牌。中央通訊社。https://www.cna.com.tw/news/afe/202101140186.aspx
4. 李依文（2021年，1月14日），饗賓2021年大舉展店15家、預計2025年掛牌，喊出目標成爲百億餐飲集團！食力foodnext。https://www.foodnext.net/news/industry/paper/5616550760
5. 王一芝（2022年，3月30日），被Buffet耽誤的頂級餐廳？饗賓憑什麼一年征服全台450萬人。天下雜誌網路版。https://www.cw.com.tw/article/5120628?from=search
6. 楊孟軒（2021年，6月27日），每月虧1億也不裁員減薪　國內最大高檔自助餐，如何止血活下去？天下雜誌網路版。https://www.cw.com.tw/article/5115382?template=transformers&from_id=5120628&from_index=3&rec=i2i
7. 林資傑（2021），饗賓餐旅明年營收拚跳增2025年IPO目標不變。時報財經。https://www.chinatimes.com/realtimenews/20211105003243-260410?chdtv

個案二

瑞典宜家家居（IKEA）台灣分公司

個案圖　IKEA桃園青埔店

資料來源：作者拍攝

個案基本資料與發展沿革

IKEA 是由當時 17 歲的坎普拉（Ingvar Kamprad）於 1943 年在瑞典所創立的一間跨國家具零售企業，至今已有約 78 年的歷史，該企業目前透過特許加盟的方式在全球63個市場，約465家分店營運[1]。創辦人坎普拉於2018年過世，我們藉此回顧一下在他主導管理的時代，該企業成長的里程碑。

IKEA 品牌於 1943 年創立，剛開始販售自己批來的商品，到了 1948 年坎普拉才開始販售自家附近家具製造商所生產的家具，1952 年正式推出創刊號 IKEA 居家產品型錄。坎普拉是一位非常具有生意頭腦及留意社會型態的商人。他認為客人可能無法透過郵購型錄上的黑白圖片了解家具的特質或價值。1953 年他首創將家具擺設於展示間內，這也是 IKEA 的第一間家具展示間。

透過這樣的展示，IKEA 不僅讓客人親眼看見及體驗家具的品質，坎普拉也藉由與客人面對面介紹家具的機會，了解客人的實際需求。他發現，家具在郵購運送的過程會產生高成本與高損壞率。為了要解決這樣時常發生的擾人問題，坎普拉協同供應商將茶几改為平整化包裝及顧客自己組裝的構想，始解決他郵購運送的問題。這些創新的改變，如展示間的成立、平整化包裝及客人自己組裝家具的商業模式自 1953 年延續至今。

坎普拉的觀察力不僅止於此，他發現客人的購買流程會因為午餐的時間而打斷，造成購買力下降，於是在 1960 年 6 月 IKEA 在店內成立第一間餐飲部，他一直認為「空腹是很難做生意的」。另外，IKEA 的第一間旗艦店於 1965 年在瑞典斯德哥爾摩的郊區成立，但 1970 年 9 月的一場火燒掉了該店的屋頂，坎普拉藉由這場火，調整了未來 50 年的經營型態。1971 年當這家店再重新開張時，大部分的商品客人都必須到倉儲區自行提取包裝平整的家具，開車載回家，並享受自己組裝的樂趣。

1976 年，IKEA 已營運了 30 多年，坎普拉親自寫下九項「一位家具商的誓

---

1 截至 2021.02.24 資料。

約」（The Testament of a Furniture Dealer），該誓約奠定了公司未來的經營理念與所需要企業文化，同時也建立了公司的願景「爲多數人創造更美好的生活」（To Create a Better Everyday Life for the Many People）。IKEA 所有家具的設計在 1995 年積極投入「大衆化設計」的概念，包含了形式、功能、品質、永續發展及價格等五大要素，這個概念一直沿用至今。

宜家家居在台灣已深耕 27 年，其經營權係由香港怡和洋行旗下的「牛奶國際控股有限公司」負責。台灣第一家宜家家居敦南店於 1994 年底開幕，後因諸多因素而於 2001 年中結束營業，期間台北敦北店於 1998 年下半年開幕[2]，截至 2022年3月止，台灣目前共有8家分店，其中5家集中於台北（2家）、新北市（2家）及桃園市（1 家），台中、嘉義的行動商店及高雄各一家分店。牛奶國際控股公司除負責台灣宜家家居的經營權外，還負責香港、澳門及印尼等特許加盟業務。

前面提到，IKEA 所有海外分店都是透過「特許加盟」的方式營運，爲了要與所有加盟夥伴形成長期的夥伴關係，坎普拉於 1989 年在列支敦斯登國成立 Interogo Foundation（基金會），該基金會成立最主要的目的除要確保全球 IKEA Concept（理念）的獨立性及持續外，並完全擁有 Inter-IKEA Group 及 Interogo Holdings 的治理權（圖個 2-1）。此外，該基金會爲避免 IKEA 理念在未來的某個時間面臨嚴峻挑戰的時候，可提供資金儲備的功能。

總部設於瑞士的 Interogo Holdings 控股公司負責企業永續競爭的財務投資，且該投資能對相關利益關係者創造價值。更要支持母公司（Interogo Foundation）爲全球所設定的 IKEA 理念，確保該理念根植於 IKEA 遠景：「爲多數人創造美好的生活」。

總部位於荷蘭的 Inter-IKEA Group 集團公司透過全資成立的 Inter-IKEA Sys-

2　爲因應 IKEA 接手大潤發內湖店，並於 2021 年 4 月 28 日開幕，遂敦北店於 4 月 26 日結束營運。然而半年後，原店調整營運規模，於 2021 年 11 月 30 日更名爲「台北城市店—小巨蛋」繼續經營。

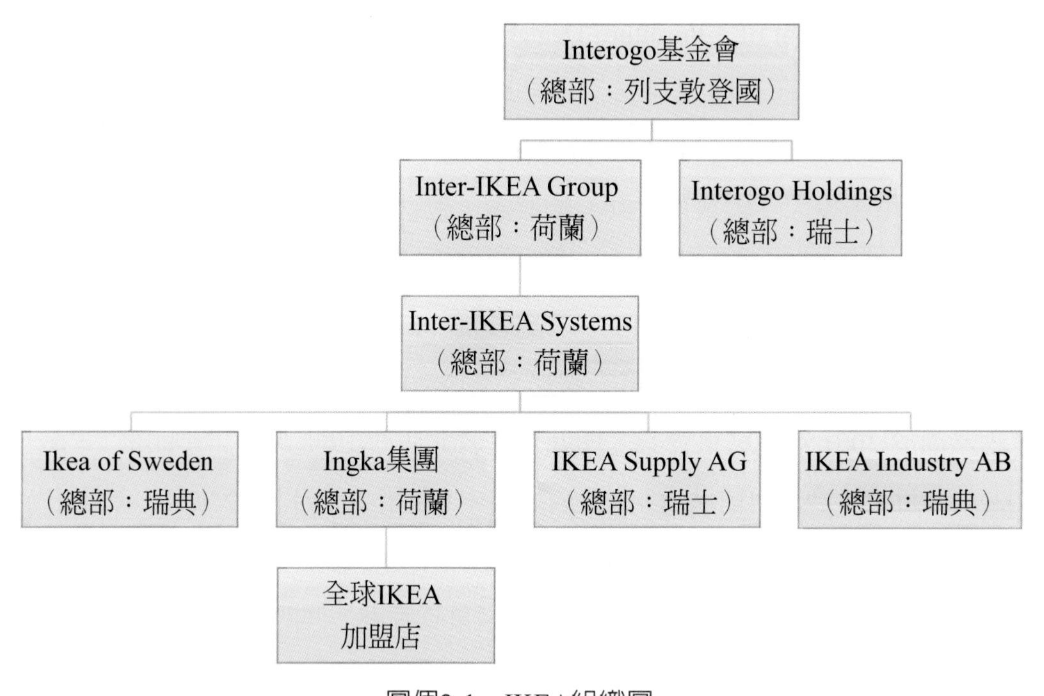

圖個2-1 IKEA組織圖

資料來源：作者整理

tems B.V 行使四個主要的核心的事業體系，其功能簡介如下。

1. 全球特許加盟管理（Franchisor）公司：總部位於荷蘭的 INGKA Group 於 1982 年成立，爲 Inter-IKEA Group 的完全控股公司，實際上爲該集團的孫公司。INGKA 主要負責與各區域加盟主進行加盟商的簽約與營運、倉儲、電子商務及資訊系統等發展。INGKA 集團公司每年必須將全球各加盟店營業額的 3% 透過 Inter-IKEA Systems B.V 公司支付給母公司 Inter-IKEA 公司做爲品牌使用費（Royalty Fee）。台灣 IKEA 的加盟業務隸屬香港牛奶國際控股公司（Dairy Farm）的區域加盟業務。
2. IKEA 產品線（Range）公司：IKEA of Sweden AB 主要負責開發及設計所有居家及餐點的產品設計、開發及包裝的解決方案。該公司也是 IKEA 於 1943 年在瑞典・艾爾姆胡爾特（Älmhult）所創立的第一家店。
3. 供應（Supply）公司：IKEA 約 85% 的商品是由全球的供應商所提供的。

總部位於瑞士的 IKEA Supply AG 負責統籌管理及營運這些供應鏈，並提供全球特許加盟店採購、運輸及分銷等業務。

4. 工業（Industry）公司：總部位於瑞典的 IKEA Industry A.B. 主要負責木製家具。IKEA 約有 10-15% 的家具產品線來自於該公司的製造。

強調永續發展的 IKEA，於 2015 年 9 月正式放棄使用鹵素及節能燈泡的販售，轉而販售 LED 節能燈具及燈泡。IKEA 成立至今已有 80 年的歷史，公司的發展完全根據坎普拉對社會型態的改變與市場潮流敏銳的洞察力，創立了各項獨到服務模式，如，家具展示區、平整化包裝、自助倉庫取貨、享受自己組裝的樂趣及大眾化家具設計理念等，至今仍是 IKEA 主要的商業營運模式。

價值主張說明與變革

IKEA 價值主張的發展源自於 1976 年 12 月坎普拉寫下的九項「一位家具商的誓約」（The Testament of a Furniture Dealer）延續成爲公司的願景「爲多數人創造更美好的生活」，這些對消費者的倡議隨後在 1995 年對家具設計的概念形成了「大衆化設計」（Democratic Design），使其成爲未來開發及設計家具的發展方向。

坎普拉對家具商的誓約：

1. 產品，我們的識別：爲多數人設計低價卻不失品味及品質的實用家具。
2. IKEA 精神，腳踏實地、努力不懈：員工對工作的態度要持續努力創新。
3. 獲利，帶來更多資源：開發更符合經濟效益的產品及更有效率的採購流程，堅持每個環節的成本控制，爲多數人創造更美好的生活。
4. 最小方法，最大效益：堅信唯有高手，才能設計出一張價格低廉，既堅固又耐用的書桌。
5. 簡單，是一種美德：強調組織的運作要簡單，才會有更好的效果。
6. 嘗試新方法：工作中要不斷地激發與保持活力，常問「爲什麼」就能找到新的方向。

7. 專注，成功的關鍵：集中資源，專注發展特定的方向，獲取最大效益。
8. 勇於負責，一種榮譽：犯錯的人，要能從錯誤中學習，才享有榮譽。
9. 完成事情，創造美好的未來：「不可能」與「消極」是進步的剎車系統，只要是我們想要做的事情，一定可以完成，創造美好的未來。

從上面的九項誓約可以發現，坎普拉在公司成立 30 年後所建立的誓約，就是希望 IKEA 要提供大多數消費者實用、具時尚感，但價格低廉的家具。為達此目的，企業與供應商均須協同合作，在組織間形成企業獨有的文化，灌輸員工的中心思想，使其專注家具的產品開發，精簡流程，為公司創造最大的效益與獲利，設計出符合大衆消費者所認同的家具價值。

這份誓約雖已勾勒出企業未來的經營使命，但如何設計出符合大衆消費者所認同的家具價值的方法，並未詳細的說明。直到 1995 年 IKEA 的設計師參加義大利米蘭家具展時，才賦予了未來設計家具的「大衆化設計」理念（圖個 2-2）。透過香港牛奶國際控股公司負責台灣 IKEA 宜家家居集團董事凌思卓（Martin Lindström）先生對「大衆化設計」理念的解釋：

> 該理念必須包含五個重要的設計元素。功能（Function）是家具設計的初衷，讓生活更簡單；形式（Form），簡約美麗的造型，創造家具的價值；品質（Quality）必須兼顧，家具都通過不同使用狀況的嚴格測試及品質保證，就是要建立消費者的使用信心；價格（Price）在商品開發的階段就已將原料、包裝及運輸效率等關鍵流程納入考慮，才能訂定相對的低廉價格；最後是永續發展（Sustainability），家具在開發及設計的過程，須將前面的四個關鍵要素納入一起考量，最終才能成為「大衆化設計」的家具產品。

Martin Lindström 強調，IKEA 是一間國際的跨國企業，家具的設計除要能反映瑞典家具的精神外，還要兼顧當地社會生活型態的變遷，因此「大衆化設計」理念中的「功能」與「形式」就成為解決當地消費者對家具需求的設計核心元素。

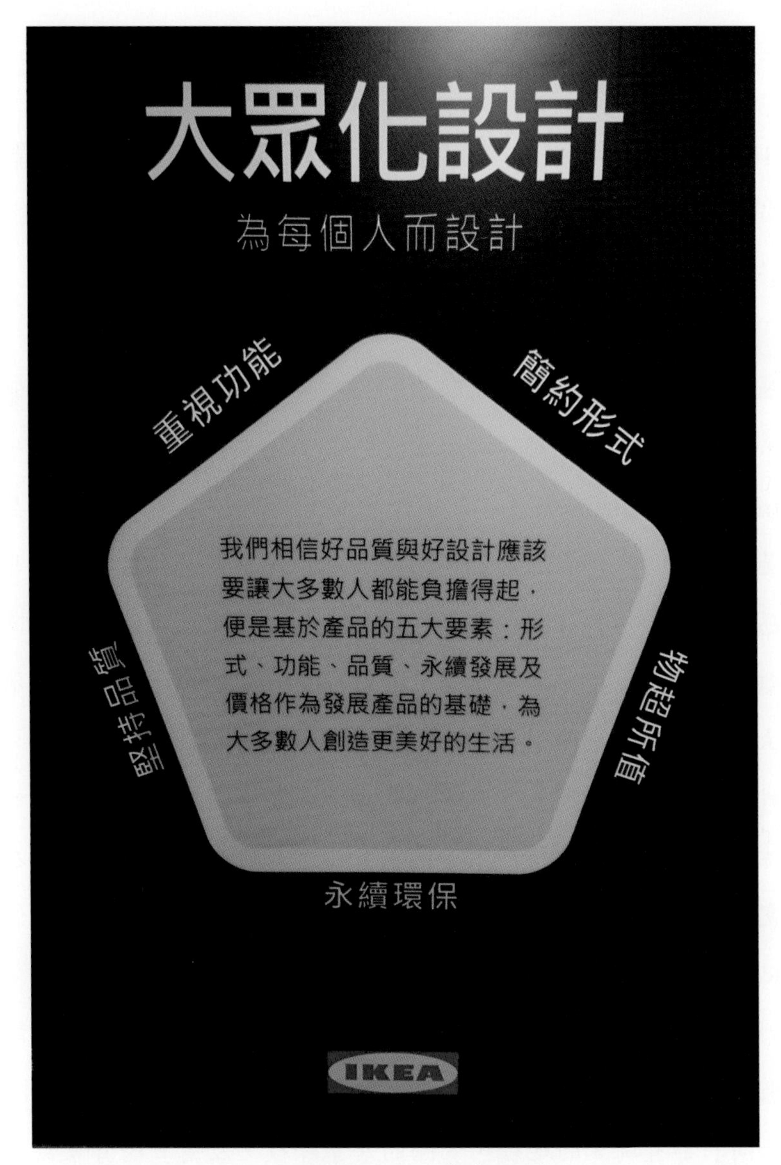

圖個2-2　大衆化設計

資料來源：作者拍攝於新莊店

IKEA 每年都會進行數次的家庭調查（Home Visits），藉以了解及觀察當地住戶的生活需求，進而在服務流程中建構符合當地住戶需求的「展示間」，使其產生共鳴的效應。

組織服務環境與流程設計

全世界 IKEA 的服務流程與環境，就是提供消費者沒有負擔的購買環境，且將「展示間」放在賣場的入口，讓消費者能立即感受到「家」的情境。Martin Lindström 先生說：

> 「展示間」對 IKEA 來說反映出一個重要的根本價值，我們也常詢問自己，我們到底在從事麼樣的事業？事實上，我們提供觸發「靈感事業」（Inspiration Business）。家具公司都會賣許多不同種類的家具，我們也是一樣，但我們與別人最大的差異在於，我們是銷售「布置居家生活靈感來源的知識與經驗」，且從當地市場的角度及需求來提供「靈感的泉源」。服務環境中「展示間」的建立，就是回應當地市場及消費者實際生活的居家需求的服務。
>
> 當我們進行「家庭調查」時，我們會深入了解這家人居家作息的細節，如他們如何睡覺，冰箱裡冰了哪些東西，在哪裡曬衣服，小孩在家裡如何完成他的功課，鞋子怎麼擺，是不是與上一代同住等等。我們有詳實的紀錄與照片，因爲每一個細節都會影響你我居家生活的品質。因此，我們試著去體會及了解每個住户居家的問題，如何透過我們所設計的家具來解決及幫助他們去創造一個良好的居家生活，所以這裡所陳設的「展示間」都有眞實的地址、實際的居家坪數，及眞實的背景故事。

從 Lindström 先生對「展示間」的建構理念可以了解到，這些展示間某種程度也反映出不同的目標客群及消費力，目的就是要喚醒你我居家的空間，透過精心的設計創造出不同的居家風格、情感與價值。這意味著企業在服務流程中，開放「展示間」的服務流程讓消費者主導自己的感官知覺，透過生理與心理間的來回互動，獲取商品價值的靈感，以作爲購買決策的依據。

除了陳設當地的「展示間」外，IKEA 還展示了如現代、傳統、流行及瑞典等不同特色的居家生活「展示間」（圖個 2-3），Martin Lindström 說：

大部分的台灣人認爲布置新家很貴，因爲要找設計師進行居家空間的規劃及購買新的家具。事實上，你不需要設計師，IKEA 已幫你解決了設計的工作，也提供了不同風格的「展示間」，你只要決定喜歡哪一個風格的設計，我們的工作是要促發你對居家生活布置的感覺與靈感，而非要你喜歡我們的「展示間」。如果你覺得某個展示間給你的感覺是「我不喜歡或討厭這樣的布置與設計」，對我們來說是一件好事，因爲我們已成功的促發了你對居家生活布置與設計的想法與看法。

圖個2-3　IKEA不同展示間的陳設

資料來源：作者拍攝於新莊店

若要說這些超寫實的「展示間」是感性的顧客體驗，那單品家具展示區則是考驗消費者「理性」思考的區域。Martin Lindström 說道：

當你走出「展示間」後，會自動進入單品家具展示區，這裡主要提供消費者除「展示間」特定沙發外，其它各式各樣不同功能的沙發與價格，或許你在「展示間」獲取沙發的靈感，想要在此區域內搜尋類似或不同功能的沙發及價格，又或許你是在展示間找到符合預算及需求的沙發。

在這裡，我們不希望這些靈感的傳遞是來自於我們服務人員的介紹，即便是要詢問家具的價格或規格，IKEA 每件家具的「價格標籤」都清楚的標示了商品的價格、尺寸、顏色及自助取貨區的走道及儲位編號。

Martin Lindström 說：

IKEA 週末約有 2 萬人次進出店內，我們無法提供個人化的服務，事實上他們也不需要我們的服務，因「展示間」提供了靈感的發想，且所有商品上的「價格標籤」提供了豐富的資訊，消費者知道價格、規格、在哪取貨，還可掌控購買預算，所以他們在展場中不太需要我們的服務。

市場或消費者的價值認同

多數的跨國企業除傳達該國產品的理念價值外，還會積極的與當地國人民溝通及回應他們的實際需求與想法，以獲取市場的認同、競爭力及獲利率，IKEA 也不例外。

雖然 IKEA 試圖傳遞北歐家具風格的價值「為多數人創造更美好的生活」給全世界 63 個市場及 465 家分店，但 IKEA 也知道每個國家都有其獨特的居家風格與室內空間，如何將該公司的家具巧妙地融入到各國的家庭中，並受到市場及消費者的認同與歡迎，絕對是一個考驗。因此，IKEA 藉由每年無數次的「家庭調查」方式來了解當地居家生活的型態，並透過「大眾化設計」的家具所打造出「展示間」的舞台，讓消費者在這個舞台上能促發生理與心理間的情緒與價值的連結「原來台灣的居家住宅，也可以利用 IKEA 家具創造出不一樣的居家風格」，進而獲取市場及消費者對 IKEA 所倡議的價值認同感。

前面提到，展示間是「感性的」顧客體驗，比較屬於個人價值與情感連結的認同，IKEA 只是透過「展示間」來傳達及回應對當地國居家生活的關心與重視；然而，家具展示區則是考驗消費者「理性」思考購買與否的關鍵深水區，也是回應 IKEA 價值主張「爲多數人創造更美好的生活」的主要關鍵區域。Martin Lindström 解釋：

在訪問中我提到台灣的居家市場相較其它市場屬非常的「功能導向」消費，也就是說若沒有特定或實際的家具需求，購買力是相對的保守，我們雖然沒有辦法強迫你購買，但還是回到我們的使命，如何幫助台灣大多數的人創造更美好的生活？因此，我們透過「展示間」來啓發台灣的消費市場。許多的年輕人沒錢可投資購屋，在外租房子，學生住在宿舍裡，都沒關係，但你擁有居家的空間，因此你可以將房間有些點綴的裝飾，讓自己有不同的心情，如房間有些昏暗，可以買些蠟燭（台）等等，這些點綴裝飾品都是創造你我美好生活的一部分。

消費者對台灣宜家家居所提供的「展示間」也有著相同的想法：

家具在「展示間」內的擺設非常有設計感同時也具有家的氛圍，這些居家的擺設我都會與家人相互討論，且成爲我未來家庭布置的靈感來源。當然基於現實的考量，我們不可能完全依照展示間的擺設來裝飾我們的家，但這些布置的概念會應用於家中的某些區域。

IKEA 家具包裝的方式可讓我方便直接開車搬回家，然後享受與家人一起組裝的樂趣。最近 IKEA 在台北開了間百元的快閃店，雖然沒有展示間，但提供了我們居家生活許多新奇的用品及實用的物件，重點是便宜又很有設計感。

IKEA 台灣分公司在台營運已有 20 多年的歷史，秉持深耕台灣、重視環保及永續發展的理念，持續與台灣消費者溝通，就是希望公司的使命及其價值主張能被消費者認同。IKEA 於 2019 年初在台北通化夜市及台中逢甲夜市陸續推出限時的「百元快閃店」，主要販售的商品都是居家生活的必需品，讓消費者可以發揮生活巧思，將這些百元商品成爲布置居家不同情境的靈感來源；同（2019）年 9 月 IKEA 更推出爲期兩個月免費入住體驗 9 種不同房型的「快閃旅店」，這種情境式體驗的旅店將原本店內「展示間」的體驗昇華到「試用體驗」的新境界，類似汽車購買前的「試駕活動」，更能創造 Value-in-Use 的家具價值及體會到什麼是「爲多數人創造更美好的生活」的價值。

IKEA 在台灣的市場是集中於居住密集的都會區。IKEA 台灣分公司在台灣共有八家分店（內湖店已於 2021 年 4 月底開幕），其中的五家店主要集中於台北市、新北市及桃園市，台中、嘉義及高雄各一家。

財務或績效

IKEA 目前在全世界 63 個市場經營 465 家分店。坎普拉爲有效管理龐大的事業體，於 1980 年代將企業劃分爲 Interogo Holdings 及 Inter-IKEA Group 兩大事業體系相互運作。簡單的說，Interogo Holding 爲財務投資及 IKEA 理念的的守護者；Inter-IKEA Group 爲品牌的擁有者、規範的制定者、市場的開發，及全球加盟體系的管理與營運。IKEA 台灣分公司透過香港牛奶國際控股公司與 INGKA Group 取得台灣加盟的經營權。

根據 Inter-IKEA 集團 2021 年的財報顯示（2010.09.01～2021.08.31），當年總營收達 256.15 億歐元（包含 3% 授權金收入 12.73 億歐元，占整體營收 4.97%），較去（2020）年上升 8.46%，獲利達 14.33 億歐元，較去（2020）年下降約 17.22%（表個 2-1）。

表個2-1　Inter-IKEA集團財務績效

INTER-IKEA Group								
Items	2021	占比	差異 %	2020	占比	差異 %	2019	占比
Sales (Euro)	24,282,000,000	94.80%	8.46%	22,387,000,000	94.81%	-6.39%	23,916,000,000	94.97%
Franchise fees	1,273,000,000	4.97%	9.55%	1,162,000,000	4.92%	-2.76%	1,195,000,000	4.75%
other income	60,000,000	0.23%	-6.25%	64,000,000	0.27%	-12.33%	73,000,000	0.29%
Total	**25,615,000,000**	**100%**	8.48%	**23,613,000,000**	**100%**	-6.24%	**25,184,000,000**	**100%**
Net Income	**1,433,000,000**		-17.22%	**1,731,000,000**		16.57%	**1,485,000,000**	

資料來源：作者整理，取材自IKEA-Inter Group官網。

Ingka-Group 全球各加盟店在 2020 年因受新冠疫情影響，致使約有 75% 的加盟店必須配合當地政府緊急封鎖（Lockdown）政策，平均關店期爲 7 個星期以避免疫情擴散，導致整體營收較前（2019）年下降 4.78%，僅 373.68 億歐元，獲利 11.89 億歐元（表個 2-2），更較前（2019）年大幅衰退 34.56%，然而，網路銷售卻成長了 60%（約占整體營收 18%），較去（2019）年 48% 大幅成長（約占整體營收 11%）。

2021 年的營運仍受疫情影響，Ingka Group 持續發展使 IKEA 成爲全通路的經營模式（Omnichannel Business Model），致使 2021 年的營收較去（2020）年增加 6.47%，達 397.84 億歐元（營收貢獻率以歐洲 70.7% 最高，其次爲美洲 18%，亞洲的 11.3%），已超越 2019 年非疫情時期的營業額，獲利更較去（2020）年成長 41.21%，達 16.79 億歐元。顯而易見的，Ingka Group 的前瞻性及數位轉型策略，讓全球 IKEA 居家家具及飾品在電子商務市場的成長是可被期待的。

表個2-2　Ingka集團財務報表

INGKA Group					
Items	2021	差異	2020	差異	2019
Revenue (Euro)	39,784,000,000	6.47%	37,368,000,000	-4.78%	39,243,000,000
Profit	1,679,000,000	41.21%	1,189,000,000	-34.56%	1,817,000,000

資料來源：作者整理，取材自 IKEA-Ingka Group 官網。

前面提到，截至 2021 年底香港「牛奶國際控股公司」在台灣（8 家）與香港（5 家）、澳門（1 家）、印尼（5 家）等 4 個市場共擁有 19 家 IKEA 的加盟店。

根據表個 2-3 該公司 2021 年的財報資料顯示（2020.08～2021.09），這 19 家加盟店的營收爲 8.16 億美元（約 7.38 億歐元）[3]，相較去（2020）年下降約 1.92%。最大的貢獻來自於台灣市場，但營業獲利僅 4,500 萬美元（約 4,072 萬歐元），較去（2020）年下降 36.6%，主要係爲香港社會動盪不安，及亞洲各國仍受限疫情因素導致營業日數的減少所致。然而，根據牛奶控股公司 2021 年財報顯示，IKEA 事業整體營收及營業獲利均穩定成長，主要營收及獲利來自台灣及印尼市場，顯示 IKEA 的價值在台灣已逐漸被消費者所認同。

表個2-3　香港國際牛奶公司財務報表

Dairy Farm - IKEA Business							
Items	2021	差異%	2020	差異%	2019	差異%	2018
Revenue (USD)	816,000,000	-1.92%	832,000,000	8.62%	766,000,000	20.57%	635,301,129
Profit	45,000,000	-36.62%	71,000,000	65.12%	43,000,000	20.53%	35,677,100

資料來源：作者整理，取材自 IKEA, Hong Kong Dairy Farm官網。

台灣宜家家居於 2020 年 7 月 22 日在桃園青埔開設全台第一家旗艦店，隨後於 2021 年 4 月 28 日在台北市內湖都會區擴展全新的店面，這些展店的績效都是 IKEA 迎合台灣消費者以「爲多數人創造更美好的生活」的使命而努力。

參考資料

1. Interogo Foundation. https://interogofoundation.com/about-us/about-us
2. IKEA-Ingka Group Official Website. Annual Reporting. https://www.ingka.com/reporting/
3. IKEA-Inter Group Official Website. Inter IKEA Group Performance.. https://www.inter.ikea.com/en/performance
4. IKEA Official Website. The history of the IKEA brand at a glance. https://about.ikea.com/en/about-us/history-of-ikea/milestones-of-ikea

3 依據 2022.04.01 一美元 =0.9048 歐元匯率換算。

5. IKEA Official Website. This is IKEA. https://www.ikea.com/us/en/this-is-ikea/
6. IKEA, Hong Kong Dairy Farm. 2021 Financial Report. https://www.dairyfarmgroup.com/en-US/Investors/Financial-Reports
7. Nikkei Design (2017). 非買不可！IKEA的設計（“Kawazuni Irarenal!” IKEA No Design）（陳令嫻譯；初版），遠見天下出版股份有限公司。（原著出版於2015年）。
8. Stenebo, J. (2012). IKEA的眞相：藏在沙發、蠟燭與馬桶刷背後的祕密（Sanningen om IKEA）（陳琇玲譯；初版），早安財經文化有限公司。（原著出版於2009年）。

個案三

德國福斯汽車（Volkswagen）台灣太古汽車公司

個案圖　VW福斯汽車

資料來源：作者拍攝

個案基本資料與發展沿革

談到福斯汽車「人民的汽車」（People's Cars）要從1904年的夢想而起。事實上，美國福特汽車在1908年以組裝線的方式將T型汽車達到量產化且價格低廉，幫德國的福斯汽車實現了第一部「人民的汽車」的夢想。希特勒於1933年掌權後，就希望德國能發展出一部類似福特T型，售價在1,000帝國馬克（約18萬台幣）「人民的汽車」，當時市場上最便宜的汽車約1,700帝國馬克。福斯汽車的前身係由當時的納粹勞工陣線於1937年組成，1938年9月正式更名爲「福斯汽車公司」也就是「人民的（Volks）汽車（Wagen）」之意，同年第一部原型車由當時保時捷的工程師，也是後來福斯汽車創辦人費迪南．保時捷（Ferdinand Porsche）負責設計，希特勒將其命名爲KdF-Wagen汽車，其德文縮寫的意思爲「力量來自於喜悅」（Strength through Joy），該車型也就是後來大衆所熟知的「金龜車」，當時這款汽車售價僅爲990帝國馬克。

二戰期間，福斯僅生產了640輛民用金龜車，產能全部投入軍用汽車的製造，後來廠房遭受盟軍轟炸致使損壞。德國二戰投降後，英國於1945年6月接管及重整福斯汽車的管理權，並將福斯工廠所在的城市命名爲「狼堡」（Wolfsburg），自此成爲日後福斯集團總部的代名詞。福斯汽車在英國時期的管理下，產能擴充，管理重新站穩腳步，並於1949年9月將其管理權移交德國政府時，福斯在狼堡每年生產約45,794輛汽車，其中18.43%銷往國外，占該國汽車總製造量的一半，算是當時德國主要的汽車製造商。1950年代福斯汽車經營權重返德國時，該國政府試圖將福斯汽車打造成爲「德國製造」的品牌魅力形象，再加上當時德國正致力於貨幣的改革政策，促使福斯汽車在歐洲中產階成爲「實用可靠且價格合理」的汽車。

福斯汽車後續透過收購及與中國汽車合資持續擴大汽車的產能、市占率及品牌的形象與價值，2015年福斯汽車集團的汽車銷售量首次超越日本豐田汽車，成爲全球最大的汽車銷售及製造商，更是歐洲最大的車廠。福斯集團共有兩個事業部門，汽車部門及財務服務部門。汽車部門負責「轎車、商旅及引擎」等三個事業體；財務服務部門負責「汽車融資、租賃業務、銀行及保險」等事業。該集團共擁有 12 個汽（機）車品牌，每個品牌均獨立運作於其特性的專屬市場，品牌光譜從入門品牌（Skoda、SEAT）、中階品牌（VW）、高階品牌（Audi）、豪華品牌（Bentley、Porsche）、稀有品牌（Bugatti、Lamborghini）、福斯商旅（T4、皮卡）、Scania 巴士、MAN 貨車到 Ducati 摩托車等。

福斯集團於 1965 年委由台灣總代理商永業集團首次將福斯汽車引進台灣市場，在長達 34 年的總代理期間，永業以創新科技及德國品質爲行銷主軸，將德國汽車工藝醞釀成爲較高品質的汽車品牌。2000 年德國福斯收回永業的總代理，轉委由香港太古集團旗下太古汽車台灣分公司負責接續台灣福斯汽車總代理的銷售業務。在過去的 14 年的代理期間，太古汽車除延續德國汽車工藝的品質外，亦將福斯汽車形塑爲高端進口車的品牌形象。2015 年 1 月 1 日德國福斯集團正式回收台灣總代理的業務，改由全資成立台灣分公司自行銷售，太古汽車則轉型成爲福斯分公司在台的經銷商之一。

永業集團董事長唐榮椿曾說，台灣總代理的業務很難做，「賣不好不行，賣太好也不行」。賣的太好總公司就想收回去在台灣成立分公司自己做，賣的不好就給緩衝期，沒達成目標就換總代理，總代理也不是永遠的。就如同 2015 年福斯汽車集團執行副總裁蘇偉銘表示，按過去經驗，單一市場規模達到五千輛以上，就會啓動投資計畫。台灣太古汽車自 2011 年起每年平均穩定銷售約 1 萬輛汽車。因此目前正是適合德國福斯原廠進入台灣市場投資的好時機，未來將以太古汽車過去的銷售爲基礎，朝每年 1.5 萬輛車的銷售目標前進。

截止 2021 年底，福斯汽車台灣分公司於 2015～2016 年僅銷售約 1.07 萬輛車，主要是受到德國原廠排放醜聞的影響，導致銷量不如預期。自 2017 年起，銷售量提升至 1.37 萬輛，2018～2019 年銷售更高達 1.56 萬輛的高峰，創下來台成立分公司的最高紀錄，即便 2020～2021 年受新冠疫情影響，也有約 1.3 萬左右的銷售佳績（參考表個 3-1）。

表個3-1　福斯汽車在台銷售績效

資料來源：作者整理，取材自交通部公路總局統計查詢網。

價值主張說明與變革

福斯汽車自 1937 年成立的使命就是要提供德國人民一部可負擔購買的汽車，但福斯汽車將「德國製車工藝」鑲嵌於「人民的汽車」中。隨時代的演進，產業面臨競爭態勢。汽車排氣檢驗等嚴苛的法規議題，其核心價值逐漸演進爲「創新、高科技及平易近人的價格好入手」（Innovation, German Technology, Affordable, Reliable and Relative Price）。福斯集團作爲全球最大銷售量的汽車製造商，2019 年 6 月宣布爲呼應「巴黎協議」氣候變遷議題，提出最遲於 2025 年以製造零碳排放汽車爲核心目標，並以「爲下一代子孫形塑移動的新時代」（Shaping Mobility-for Generations to Come）爲企業的核心策略。

德國福斯製車的工藝及科技的展現，要回溯到 1950 年代及 1970 年代的石油危機。福斯汽車有感於德國及歐洲的汽車市場太小，必須仰賴出口，美國則成爲歐洲各車廠必然開發的重要市場。福斯爲突顯德國製車細膩的工藝有別於美國車，1961 年在美國刊出一則廣告，圖片內容爲，因金龜車前座置物箱上鉻條的瑕疵而無法出廠銷售。廣告詞則說，「基於這種對細節的苛求，福斯汽車比其它廠牌更爲耐用，容易保養。」隨後在美國市場更主打「小車才是王道」的行銷主軸，致使福斯的金龜車在美國成為「德國工藝及低調奢華」的代名詞。1970年，美國制定了汽車廢氣的「空氣潔淨法案」及1973年的石油危機，致使汽油價格飆升。福斯在1989年推出創新技術的「TDI」柴油引擎（渦輪增壓噴引擎）。該引擎透過電腦調控燃油噴射及渦輪，有效提高燃油效率、節油及環保效能，同時將車價壓低，將當時的引擎技術推向新的境界。

福斯汽車自1965年進入台灣市場，經歷了兩個不同的總代理商。特別是太古汽車透過這後面20多年總代理及經銷商的銷售經驗及品牌包裝，將福斯汽車塑造了一個非常獨特的現象。台灣太古福斯汽車內湖旗艦店白總經理說：

福斯的核心價值就要大家買得起好車，又不會因為價格低廉而犧牲車子的配備及安全性，所以我們就是將福斯這品牌的價值做出來，並形塑為高級進口車的概念。

福斯汽車在德國就像Nissan或Toyota品牌，是大家都買得起的車子，但福斯在台灣所銷售的車輛全都是德國「原裝進口」。對台灣的消費者而言，聽到「進口車」這三個字，就是安全性比較好，當再聽到「德國進口車」則反映出「安全、板金厚、氣囊多」等正面的回饋。事實也是如此，白總經理解釋：

台灣消費者對車輛安全性除靠「進口車」定義外，還會根據「氣囊數」來定義這台車的安全性。福斯全車系至少搭備6顆輔助氣囊，相較其它品牌的入門款僅配備2～4顆氣囊。此外，福斯全車系採用「波狀雷射焊接」技術，該技術強調兩種不同剛性的材質透過雷射焊接變成一體成形，也就是說車頂上看不到兩條黑色膠條所覆蓋的焊接點，如此可確保車身結構的剛性及安全性。

汽車最關鍵的渦輪增壓噴射引擎技術也是福斯最早所開發出來的。這些引擎的特色是小排氣量，但同時擁有較大的節油效益、大馬力及扭力。以福斯1,500cc噴射引擎為例，該引擎的馬力優於其它2,000cc自然進氣的引擎馬力，這樣的科技優勢除幫消費者省了油錢及稅金外，還可享受到高排氣量的馬力。這些新進的技術都是福斯汽車在創新及德國工藝的完整體現。

德國進口車除給消費者「安全、板金厚、氣囊多」等正面的回饋外，另一個所憂慮的可能是購車價格及後續的保養費。其實福斯汽車在台灣的售價只比國產車貴一點點，福斯全車系都是原裝進口，配備及安全性也都優於同級車，福斯對於台灣消費者除展現「好入手、平易近人」的價格可購買到物超所值的德國進口車外，還幫消費者考慮到購車「付款方式」及後續「養車成本」等優惠方案。

前面提到，福斯集團共有兩個事業部門，汽車部門槓桿財務服務部門的顧客融資及保險等優勢，提出多元並難以抗拒的分期購車方案，如分期付款的車主可享受第一年非常優惠且難以抗拒的甲式保險，或是以階梯式的付款方式，讓車主可以先輕鬆擁有車子，使其資金可以靈活運用等。至於後續的養車成本，福斯也提供車主「服務雙享」方案，依不同的車型，在特定期數內每月分期特定的金額，即可享受 4 年定期保養與第 5 年延長保固。此外，還針對 2020 年式的新車提出「彈性保養週期」方案，透過車用行車數據的資料來評估用車狀況，將原本固定保養週期從 1 年或 15,000 公里，延伸至最長 2 年或最多 30,000 公里，更有效降低整體的養車成本。這些優惠的方案，都是德國原廠來台成立分公司後，幫台灣車主解決了購車及後續養車的問題，讓福斯汽車在台灣確實達到「好入手、平易近人」的價格。

然而，全球氣候變遷及汽車碳排放議題屢受國際重視，福斯集團生產車輛的碳排量占全球整體的 1%，爲表示對全球氣候議題的重視，德國福斯集團董事長 Dr Herbert Diess 於 2021 年 7 月 13 日在德國狼堡總部發表「NEW AUTO, Mobility for Generations to Come!」2030 年集團的中長期策略目標。該策更深化了 2019 年 6 月所提出的策略性使命 TOGETER 2025+「爲下一代子孫形塑移動的新時代」（Shaping Mobility-for Generations to Come），意味著福斯集團最晚於 2025 年要成爲電動汽車在市場的領導品牌。

德國福斯集團爲達2030年的策略目標，2030年集團將依據《巴黎協定》的承諾，每部福斯汽車的碳足跡將較2018年減少30%，2040年電動汽車在全球的是市占率可達50%，同時在主要市場所銷售的車輛達零碳排的目標。最遲在2050年，集團將達以碳中和的模式進行營運。據此。福斯汽車集團的組織架構必須調整以適應最佳公司治理的角度發展，將與微軟公司合作發展自有軟體公司，不僅使成爲電動車市場主導的發展地位，形成數位的生態系統，更提供車主Level 4自動駕駛及移動性的絕佳服務體驗。

雖然福斯集團強調，新的使命對於未來電動車市場及發展的重要性，但其核心價值仍承襲「創新及德製工藝」的精神延續到數位化電動車的理念，並以安全科技（Safe Choice）、創新服務（Always Up-to-Date）、駕控樂趣（Human Excitement）等價值來打造全新的福斯形象，並建構出更完整及更有活力的消費體驗旅程。

組織服務環境與流程設計

絕大多數知名汽車品牌對於開放式的汽車展銷空間，都會進行視覺性空間的規劃與設計，除滿足消費者賞車的尊榮感外，亦可強化他們對各車型的了解。此外，汽車試駕的體驗活動在整體的服務流程中，更扮演了提升感知價值的關鍵角色。白總經理提到，當太古汽車還是擔任福斯汽車總代理的時代，德國原廠很喜歡到內湖旗艦店的展場參觀，因爲他們會覺得福斯這個品牌在台灣怎會形塑成如此高端品牌的形象，這是在其它國家所看不到的現象。

當2015年德國原廠進入台灣後，就針對台灣各經銷商的展場進行了統一的規範。規範的內容包含了展場的面積、配置多少台展示車、車輛的顏色、情境區的布置（圖個3-1），甚至提供新車專屬交車室等，這些細節的規範都可提高消費者進來展間看車的識別度及尊榮感的提升。白總經理強調：

會進來看車的消費者基本上大概知道要看哪類型的車，透過情境區的布置及銷售人員的輔助解說，可強化消費者對原本認知的車型會更進化到車款的確認。以內湖店來說，展間共規劃家庭區、生活玩家區及性能區等三種不同的情境布置，我們在將這 15 台展示車依其屬性歸納至不同的情境區內展示。

譬如說，家庭區的情境會布置烤肉架及搖椅等溫馨爲主，配置三種不同的車款，目的就是要讓消費者在情境內依需求進行車款的比較，銷售人員也會根據他們購車的初衷給予專業的建議，就是要讓消費者確認心中想要購買的車款及等級配備。

圖個3-1　福斯汽車展場之情境區

資料來源：作者拍攝於太古福斯汽車內湖店

其實消費者在展間賞車只能看到車子的表徵，以及聽到銷售人員幫你勾勒出美好的駕控幻影及一些科學數據資料，特別是福斯的車系都搭配渦輪噴射引擎，也就是排氣量小、馬力大等特色，許多消費者一聽到汽車只有 999cc 或 1,400cc 的排氣量，其直覺反應就是這車「會不會沒力」等疑慮。這時就需要親自試駕來感受車子眞實的操控性能及體會、學習最新的電子輔助駕駛等系統。白總經理對於「賞車試駕」的說明：

> 試駕活動是福斯提供前來看車客户最重要的服務項目之一。福斯汽車的主張與其它品牌車商最大的差異是，客人第一次來店賞車我們一定會邀請他試車，就是要給他們立即性的體驗。根據過去的統計數據，若第一次沒讓客人進行試駕體驗，讓他喜歡這部車，下次他再回來展場看車的機率幾乎是低於 50%，因此，試駕活動是我們最重要的服務項目之一。
>
> 此外，爲提供客人最佳的試駕體驗，試駕的路線也都事先規劃好。服務人員坐在副駕駛的位置引導客人行駛這條上坡路段來體驗車子的馬力或扭力，行駛那條彎路感受車子的操控性及過彎的穩定性等等。若沒有業務人員從旁的引導或說明，客人會害怕且只會依照過去的開車習慣或經驗去駕控這台車，這不僅試不出新車的價值，反而失去試駕的意義。
>
> 有意思的是，我們發現，客人試駕過後購車的機率約有 6 成，相反的，沒有進行試駕其成交的機率僅 2 成。這也就是福斯汽車要求各經銷商，客人進展場看車一定要提供立即性的試駕服務，即便試駕後沒有購車，至少也讓客人感受到福斯眞誠的服務及汽車的品質。

汽車雖然是一個規格品，但依目前科技演進的週期，車輛科技化的速度遠高於我們換車的頻率。無論你是要購買人生的第一部車，或是已擁有 5 年內的車輛，換車時都需要適應及學習新車的駕駛模式，而不是新車配合我們之前的駕駛常態。因此，透過試駕的過程，藉由感官知覺的體驗來彌補過去不足的經驗，進而獲取商品的潛在價值而非購買價格。

市場或消費者的價值認同

德國汽車絕對是台灣民眾購買進口汽車的首選，然而，福斯汽車的市場定位、客群及其價值主張有別於 Audi、BMW 及 BENZ（簡稱 1A2B）等三個德國等級較高的汽車品牌。

福斯汽車內湖廠白總經理強調，福斯的車款、配備等級及價格帶非常的整齊，入門車款 Polo 可以拉到國產車的客群、GOLF 可與國產高階車系及 BMW 一系列或 Audi A1 相抗衡、轎旅車款則可拉到日系及 1A2B 的客群。若要說福斯進口車比國產車貴，但福斯的車款都是在德國狼堡（Wolfburg）原廠製造，無論是安全性及配備等級都贏過國產車，且價格也只比國產車貴稍貴些。再和其它三個德國等級較高的汽車品牌比較，福斯車款的功能配備等級齊全，還不用加價選購，若功能性相同或更好，理性的消費者就會選擇福斯品牌的汽車，感性的消費者則傾向只要預算充裕及品牌導向的條件下會選擇 1A2B 的品牌。所以福斯汽車的客戶群主要是普羅大眾，這也是福斯品牌的核心價值「每一個人都可以輕易入手德國品牌的汽車。」

白總經理提到：

> 雖然我們車款的價格比國產車稍貴，但為解決福斯車主購車資金的運用及後續養車費用等問題，我們提出多元的購車加值方案，及後續養車「服務雙享」的計畫，這些方案與計畫都幫車主解決了很多實際的問題與疑問，並獲得了相當的回響。此外，我們也針對 1 年或 15,000 公里必須回廠進行保養的必要性，就是因為發現部分車主一年後進廠保養的里程並不高，考量車主後續保養費的負擔，於是推出「長里程彈性保養政策」，其目的就是要提供福斯車主購車時「輕易入手」，保養費也「平易近人」的感受。

一位福斯車主也主動分享了他的購車經驗：

當初會選擇購買福斯汽車主要考慮到該品牌的車系爲德國原裝進口，安全性相對高，且以德國車的品質及福斯的品牌來說，其車價是可接受的。很多人會說進口車日後的定期保養會很貴，但福斯提供 1 年或 15,000 公里的保養期程，相較其它車款的 5,000 或 10,000 公里延長了很多，也省了很多前往保養的時間與金錢。

福斯汽車的展示間蓋的和奧迪、BMW 及賓士等德國進口品牌一樣的高級，平時電視廣告也有很多的最新訊息，譬如說，IQ Drive（Level 2 自動輔助駕駛系統）也是福斯最先引進台灣市場，前去看車時，業代還說 IQ Drive 這的新科技，無論我說的有多神奇、有多好，車主最好還是親自進行試乘，才能實際的體會到福斯駕駛艙的科技感及駕車的樂趣。

白總經理補充：

福斯也還提供保養的配套措施，也就是參加 Give Me Five 的保養專案，依據車型每月支付特定的費用，回原廠保養就無需再支付費用，且還加贈第五年的延長保固。雖然這些方案希望能吸引車主回原廠保養，但算一算每月所繳的金額與進口車的保養費相比，還是划算，每次進廠保養也不用擔心保養費的問題，負擔減輕很多。

無論是早期的太古汽車或是福斯汽車均長期對台灣市場進行深耕在地化的經營，福斯汽車每年都會邀請車主參與車主活動或新車的品牌發會等，也透過電視媒體持續與消費者溝通，這些活動都是福斯原廠進駐台灣後，將更多的資源放在經營品牌的深化開發，及減輕消費者購車及後續養車經費的困擾，同時提升購車後的附加價值，就是要傳達福斯品牌對客人是尊榮的、一致性及物超所值的感覺。這些資源的投入在最近幾年的耕耘已獲得回饋，每年可銷售約 15,000 輛左右的佳績，即便 2020 年受新冠疫情影響，銷售量也維持在 1.3 萬輛左右的水準（早期每年平均 4,000～5,000 輛的銷售），這些車輛銷售數字的背後都反映出車主對購買德國福斯汽車價值感的認同。

財務或績效

福斯汽車集團是一間總部位於德國狼堡市（Wolfsburg）的跨國汽車製造公司。雖然德國福斯汽車在台灣非上市上櫃公司，故無法從公開資訊網站查詢福斯汽車在台灣的營業績效。我們透過德國福斯汽車集團總部及香港太古集團旗下之太古汽車所發布的 2021 年度財務報表，並參考 2008～2021 年福斯在台灣車輛銷售數的表現，說明福斯汽車在全球及台灣的營業表現。

根據德國福斯汽車集團最近七年的財務報表顯示（表個 3-2），福斯集團 2015 年全球銷售共 1,041 萬輛車，到 2019 年共銷售 1,096 萬輛車，這 5 年共成長約 5.20%。這約 1,000 萬輛車約 940 萬輛（約 88%）爲出口銷售，德國內需市場僅 120 萬輛（約 12%）的需求，可見福斯早在 1950 年代就已明顯感受到國內市場需求太小，必須發展國際市場，特別是當時的美國市場，才能維持企業的永續發展。前面提到，福斯集團共有 12 個汽車品牌，這七年期間全球平均銷售約 1,017 萬輛車，其中 97% 的銷售量集中在福斯、奧迪及 Skoda 等三個品牌。福斯汽車品牌占整體品牌銷售約 77%，其中約 40% 於中國市場製造及銷售，奧迪及 Skoda 各占約 10% 的銷售，其它 9 個品牌占整體 3% 的總銷量。因此，福斯這個品牌在集團中具有關鍵的領導地位。

2020 年福斯集團因受新冠疫情影響，全球銷售量僅 916 萬輛。2021 年疫情仍未見趨緩，後續又面臨全球車用晶片產能等雙重影響，僅銷售出 858 萬輛車，較去（2020）年同期下降約 12.18%，即便如此，該銷量仍爲全球汽車集團銷售量的前兩名（2021 年日本的豐田汽車集團拿下全球銷量的第一名），福斯汽車仍爲集團中最受車主青睞的品牌。

表個3-2　福斯汽車集團年度車輛銷售

VW Group Vehicle Sales	2021	2020	2019	2018	2017	2016	2015	Average	Total	Pcnt
Germany	973	1,108	1,347	1,236	1,264	1,257	1,279	1,209	8,464	11.89%
Abroad (excl. China Market)	7,603	8,049	9,609	9,664	9,513	9,135	9,135	8,958	62,708	88.11%
Total (Thousands)	**8,576**	**9,157**	**10,956**	**10,900**	**10,777**	**10,392**	**10,414**	**10,167**	**71,172**	**100.00%**
VW PAX Cars Sold	**2,719**	**2,835**	**3,677**	**3,715**	**3,573**	**4,347**	**4,424**	3,613	**25,290**	**35.53%**

資料來源：作者整理，取材自德國福斯集團財務報表。

從財務面來看，福斯集團近七年（2015～2021）平均營收約2,317億歐元（不含中國大陸的營收），平均獲利率約1.06%（94.16億歐元），福斯品牌汽車的營收約占集團整體營收約38%，是集團重要品牌的營收來源（表個3-3）。2021年雖然集團和福斯品牌汽車的銷售量較去（2020）年分別下降約6.34%及4.09%，但其營收及獲利之績效均較去（2020）年分別提升7.11%及12.26%。集團稅後純利154.28億歐元更優於去（2020）年的88.24億歐元，增幅達74.84%。受惠於純電動汽車及GTI車系的熱銷及高單價等因素。

表個3-3　福斯汽車集團年度財務績效

Financial Date	2021	2020	2019	2018	2017	2016	2015	Average	Total	Pcnt
VW PAX Car Sales	76,127	71,076	88,407	84,585	79,186	106,651	106,240	87,467	612,272	
Operating Result	2,503	454	3,785	3,239	3,301	1,869	2,102	2,465	17,253	
Group Sales Revenue	250,200	222,884	252,632	235,849	229,550	217,267	213,292	231,668	1,621,674	
Group Operating Result	19,275	9,675	16,960	13,920	13,818	7,103	-4,069	10,955	76,682	4.73%
Earning aft Tax (Million)	**15,428**	**8,824**	**14,029**	**12,153**	**11,463**	**5,379**	**-1,361**	9,416	65,915	4.06%
Earning aft Tax %	**6.17%**	**3.96%**	**5.55%**	**5.15%**	**4.99%**	**2.48%**	**-0.64%**			3.95%
VW Sales against Group %	30.43%	31.89%	34.99%	35.86%	34.50%	49.09%	49.81%	38.08%		

資料來源：作者整理，取材自德國福斯集團財務報表。

福斯汽車在台灣的銷售數量相較亞太地區或中國大陸均屬小眾市場，每年的銷售數字僅以萬輛計算。總代理太古汽車在台灣經營總代理的最後四年，年均銷量超過1萬台，代理的最後一年（2014）年更達1.34萬輛的最頂峰；自2015年德國福斯集團在台灣成立分公司，適逢德國原廠爆發排放柴油廢氣的醜聞，導致2015～2016年僅銷售1萬輛，2017年恢復到2104年1.3萬輛的銷售水準，2018～2019年達到1.6萬輛的銷售高峰，然2020～2021年受疫情因素影響，仍還有1.3萬輛左右的銷售佳績，可見德國福斯汽車在台灣已有固定的消費族群及相對穩定的市場（參考表個3-1）。

有關福斯汽車在台灣的營業績效，因太古汽車僅爲德國原廠福斯汽車在台的經銷商之一，且太古汽車除經銷福斯汽車外，還銷售德國賓士、日本馬自達汽車、瑞典Volvo貨車及巴士、美國Harley-Davison及義大利Vespa摩托車等業務。因此，台灣太古汽車的營業績效合併於母公司香港太古集團的財務報表中，包含了其它的營業項目，並無單獨列出台灣太古汽車所代理之福斯汽車品牌的營業績效，故不納入討論。

參考資料

1. 交通部公路總局統計查詢網。https://stat.thb.gov.tw/hb01/webMain.aspx?sys=100&funid=11200
2. 香港太古公司，2021年財務報表。https://www.swirepacific.com/en/ir/reports.php
3. Ewing, J. (2018). 綠色騙局：汽車史上騙過政府、消者者、員工的世紀陰謀與眞相（Faster, Higher, Farther: The Volkswagen Scandal）（林力敏譯；初版），三采文化股份有限公司。（原著出版於2017年）
4. Volkswagen AG (2019), TOGETER 2015+ Strategy. https://annualreport2019.volkswagenag.com/group-management-report/goals-and-strategies/five-modules-of-the-together-2025-strategy.html
5. Volkswagen AG (2021), Group Strategy NEW AUTO-Mobility for Generations to Come. https://www.volkswagenag.com/en/group/strategy.htmlhttps://www.volkswagenag.com/presence/konzern/strategie/2021/PM-NEW-AUTO_Volkswagen-Group-set-to-unleash-value-in-battery-electric-autonomous-mobility-world.pdf
6. Volkswagen AG, 2021 Annual Reports. https://www.volkswagenag.com/en/InvestorRelations/news-and-publications/Annual_Reports.html#

個案四

美國好市多（Costco）台灣分公司

個案圖　Costco 好市多

資料來源：作者拍攝

個案基本資料與發展沿革

Costco Wholesale Corporation 是於 1983 年成立全球倉儲批發量販店，並以付費會員爲經營型態的一間美國跨國公司（MNC）。2014 年成爲全美僅次於 Walmart 最大的零售業，2019 年更被美國《財富》雜誌評選爲全美 500 大營收的第 14 名。截至 2022 年 6 月底，好市多全球共 833 家分店，所有國家的營運均由美國總公司負責營運，然而，台灣好市多公司對美國總公司屬擁有絕對多數控股的子公司負責營運[1]。台灣好市多第一間門市於 1997 年 1 月在高雄成立，目前全台共有 14 間營業據點，大台北地區共有五間，高雄、台中及桃園各兩間，新竹、嘉義及台南等地則爲各一家的規模。

「好市多」（Costco）成立的目的是要幫助中小型企業降低轉售和日常業務採購成本，及個人日常生活所需。因此，這個成功的跨國零售事業的名字，不僅代表該公司擁有全球最多 10.07 億會員及 5.91 億家庭卡，更隱喻傳達出好市多提供會員的商品爲「最好的國際品牌與品質，保證 100% 的滿意及優於其它零售通路的低價。」我們藉此回顧美國好市多公司的發跡過程及成功的里程碑（Milestone）。

美國第一家提供會員制的倉儲批發賣場是由 Sol Price 先生於 1976 年在美國加州聖地牙哥廢棄及改裝的飛機棚廠創立的 Price Club，Price 先生是首位提出「會員必須支付 25 美元的年費，在倉儲量販店中僅販售有限的商品及優惠的價格給會員」的創新概念，並獲得當時一起展店 Jim Sinegal 先生的認同，兩人同將此想法鑲崁於 Price Club 的經營理念中並付諸實現。Price Club 創立初期僅服務小型的商務人士，後來開放一般個人成爲會員。

1982 年 Jim Sinegal 在西雅圖碰到零售家庭出身的律師 Jeff Brotman 先生，計畫籌組成立另一間有別於 Price Club 的全新倉儲量販店，第一間 Costco Ware-

---

1 美國好市多總公司於 2022 年 6 月 30 日宣布，以 10.5 億美元收購台灣合資企業所持有之 45% 的股權，成爲全資擁有台灣好市多股權。

house 公司於 1983 年 9 月在華盛頓州的西雅圖開幕，另外二間分店也陸續於當年底開幕。1986 年，Costco 成立的後的第三年，已有 17 間分店，累積 103 萬會員及 3,700 多位員工，同時在店內成立了第一個販售熱狗的攤位，一份熱狗搭配汽水套餐的售價爲 1.5 美元；相較其主要的競爭對手，Price Club 成立的第 10 年，已有 22 間分店，累積 302 萬會員及 7,300 多位員工，更獲《富比士雜誌》評選爲「最佳管理公司」的殊榮。

1993 年，Costco 於公司成立的第 10 年，董事會同意該公司與 Price Club 合併更名爲 PriceCostco，雖雙方公司仍維持獨立經營的模式，但不同的會員可至 200 多家分店消費，創造年營業額約 160 億美元。1995 年 Costco 已有包含海外共 200 多家分店的規模，在亞利桑那成立第一間 Costco 加油站，同時創立專屬自有品牌 Kirkland Signature，該品牌以更優惠的價格提供會員相同或媲美國際知名品牌與商品選擇的機會。PriceCostco 於 1997 年更名爲 Costco 公司，同年於台灣高雄開立第一家分店，隔（1998）年 Costco.com 將 Costco 的價格與服務帶入電子商務的領域。1999 年 8 月 Costco 再次更名爲 Costco Wholesale 公司至今。

2005 年，Costco 全球每家店的年均營業額爲 1.3 億美金，但其中 25 家分店年營業額超過 2 億美金，其中一家更超過 3 億美金。2009 年 Costco 的餐飲部全球共賣出 9,100 萬套熱狗搭配汽水的套餐，不僅如此，2021 年底全球共賣 1,060 億隻烤雞（Rotisserie Chickens），但熱狗套餐及烤雞的售價仍維持美金 1.5 元及 4.99 元的價格，這些商品並非從營利的角度販售，單純就是回饋給會員的服務（圖個 4-1）。Kirkland Signature 自有專屬品牌的經營績效，2011 年占整體營收的 20%，到了 2021 年底該自有品牌全球營業額達 590 億美金，占整體營收約 31%（請參考表個 4-2 好市多的財務績效）。2019 年 8 月 Costco 正式在大陸上海開立第一家「開市客」門市。

好市多公司成功的軌跡源自於共同創辦人 Jim Singegal 先生承襲 Price Club 的理念及營運哲理，就是以量制價，以較低的售價回饋給會員。這樣簡單的哲理也成爲 Costco 公司的使命「儘可能以最低的價格持續地提供我們會員優質的商品與服務」（To Continually Provide Our Members with Quality Goods and Services

圖個4-1 美國好市多熱狗及烤雞價格20年不變

資料來源：作者拍攝

at the Lowest Possible Prices）。爲維持對優良品質的承諾，Costco 對於商品的挑選必須符合國際品牌、功能、品質及價格等面向，只有最好的商品價值才能提供會員購買。基於這樣的原因，Costco 提供商品的品項（SKUs）平均大約爲 3,700 種，也就是說牙膏可能只有 3～4 個知名的品牌可挑選，大幅減輕會員挑選商品的決策障礙，相較於其它零售業或大賣場至少 3 萬多種品項，算是去蕪存菁的概念。

Costco 對員工的照顧更爲重視，除提供優於同業的薪資與福利外，還創造有效率及友善的工作環境與文化，吸引擁有能力、活力及興趣的員工加入工作，促使企業長期經營可達到最低的離職率，產生最大的員工生產力及忠誠度。

好市多在台灣已營運了 20 多年，這些年台灣團隊成就了許多傲人的成績與總部的肯定，好市多總公司決定將亞太區的總部設在台灣，並管理大中華區及東協等國家業務，及未來的展店計畫。

價值主張說明與變革

好市多的價值主張與另一家跨國企業「宜家家居 IKEA」相當類似，都是強調「價格低廉、簡約包裝、提供優質商品」爲訴求的核心理念與價值。Costco 對會員所倡議的價值是從公司成立的第一天到今天快 40 年的時間仍維持「儘可能以最低的價格持續地提供我們會員優質的商品與服務」。當然這個核心價值的背後還隱含了公司員工對供應商的約束，那就是「守法」（圖個 4-2）。台灣好市多開發部黃總監說：

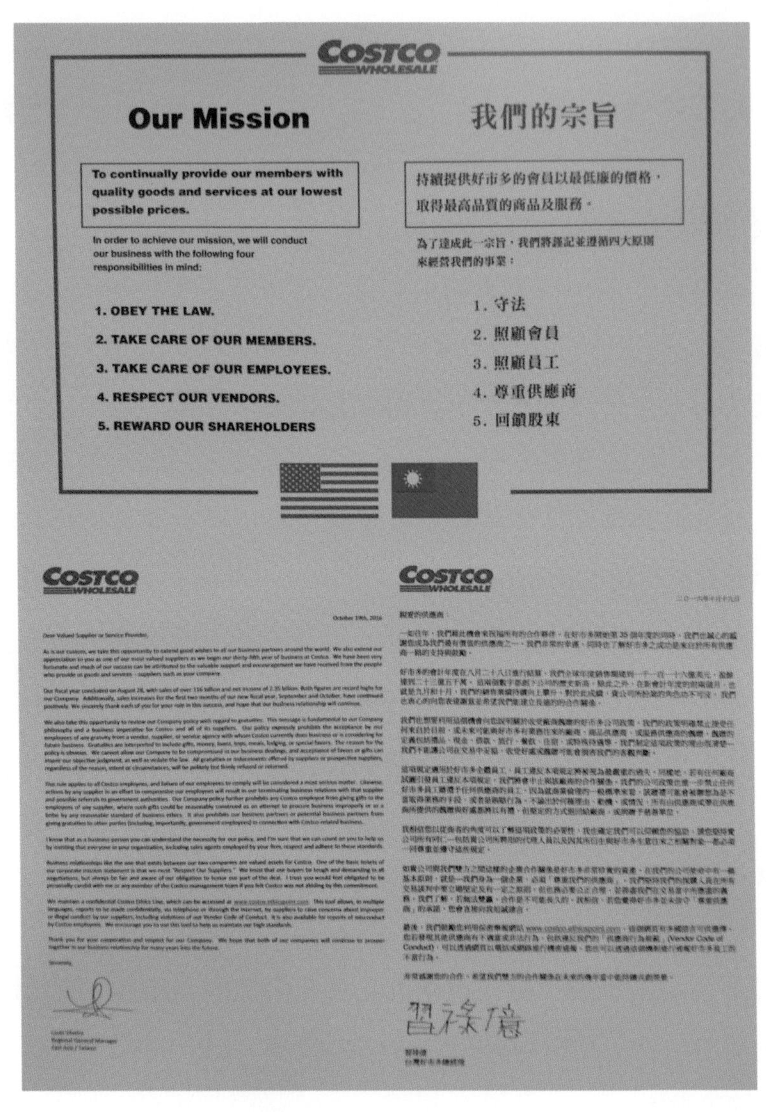
COSTCO WHOLESALE

Our Mission

To continually provide our members with quality goods and services at our lowest possible prices.

In order to achieve our mission, we will conduct our business with the following four responsibilities in mind:

1. OBEY THE LAW.
2. TAKE CARE OF OUR MEMBERS.
3. TAKE CARE OF OUR EMPLOYEES.
4. RESPECT OUR VENDORS.
5. REWARD OUR SHAREHOLDERS

我們的宗旨

持續提供好市多的會員以最低廉的價格，取得最高品質的商品及服務。

為了達成此一宗旨，我們將謹記並遵循四大原則來經營我們的事業：

1. 守法
2. 照顧會員
3. 照顧員工
4. 尊重供應商
5. 回饋股東

圖個4-2　好市多的宗旨

資料來源：作者拍攝於好市多公司

很少看到一家公司的核心價值是將「守法」放到第一位，因爲我們要從供應商那挑選出最有價值的商品給顧客，所以我們會要求所有與Costco合作的供應商簽署「海外反貪汙法」（Foreign Corrupt Practices Act, FCPA），也就是如果簽約後發現雙方是透過利益交換致使合約成立，我們會馬上立即解約。因爲我們不希望會員所買到商品是透過不合法的方式取得，所以會將守法放到第一位。

此外，好市多的核心價值，也包含了另一個層次的意涵。黃總監說：

我們不是挑選最低價的商品給會員，而是挑選價值最好的商品賣給會員，所以在Costco買到的商品都是以價值及品質取勝，並非完全以價格爲導向。譬如說，我們所賣的牛肉或雞肉包裝，我們都會請廠商先將不可食用的部位進行處理，提供會員極大化食用率的附加價值與服務，讓會員認爲我們提供的商品CP值最高。還有一個案例，若好市多只賣較便宜的國際知名品牌輪胎給會員，相信以台灣更換輪胎的便利性，會在我們這邊更換輪胎的機率就會降低。因此，我們將輪胎這個商品訴求成爲安全服務，會員在Costco更換輪胎，除購買商品本身外，還提供了輪胎周邊系列的免費服務與品質保證，如此這輪胎就創造出獨特的價值及與眾不同的意義。當然，提供好的商品，就要讓會員絕對滿意，不滿意都可以辦理退費，甚至會員卡在效期內若覺得沒有幫會員省到錢或是覺得不值的，都可以辦理全額的退費。

會員前往Costco消費，除了追求高品質及價值的商品外，當然還要提供會員最優惠的價格。爲了要幫會員創造最佳的價值，好市多有一套自己的營運模式，黃總監接著說：

Costco的毛利係以進貨成本10%～12%做爲商品的售價，最高不能超過14%，相較其它量販店18%～20%的毛利，我們確實低了很多。也就是因爲Wholesale「量販」的概念，所以商品販售的單位都是以大包裝的方式進行設計與呈現，除此之外，我們也會針對商品的包裝在貨櫃及棧板上是否達到最大使用容積率，不浪費任何無效的運輸空間，如此省下來的成本，才能讓會員享受到最低價格及最大的價值。

好市多自有品牌「科克蘭」（Kirkland Signature）更是創造會員高品質、低價格的另一種選擇。該自有品牌仍提供會員商品的品質要與國際品牌相同，但售價至少比同類商品低20%。至今，科克蘭品牌的營業額已占好市多全球營業額的四分之一，品牌價值高達750億美元，可見會員對於科克蘭品牌的信賴與受歡迎的程度（請參考表個4-2好市多的財務績效）。

好市多除創造會員擁有高品質、低價格及絕對滿意、不滿意退費等外顯的價值外，還不時地創造會員購物「尋寶」（Treasure-hunt）等獨特的購物體驗。尋寶的品項都是低於市售行情價格的高單價的商品，如前些時候台灣Costco有賣美國哈雷機車、福特野馬及Kuga汽車等，有時也賣100萬以上的黃金珠寶等高單價的商品，也都是提供優於市售的價格。更換商品週期快也是好市多「尋寶」的特色之一，如此培養出會員喜歡就快買的消費習慣，也好讓好市多再去發掘其它高品質、低價格的商品。

台灣好市多除在售價上回饋給會員，幫所有的會員創造更大的價值外，會員也發現加入會員是一件很划算的事，企業就會開始獲利。最後，當企業致力幫會員創造價值的時候，企業也就會找到自己的價值。

組織服務環境與流程設計

大多數的消費者對台灣好市多以倉庫及量販爲經營型態的服務場域（賣場）和其它賣場如家樂福相比，並無感受上顯著的差異。事實上，好市多能以高品質、低價格提供給會員選購，其中的關鍵因素，就是在設計服務場域時已考慮如何降低營運成本，以反映該公司對會員所倡議的價值主張。

Costco 賣場全世界幾乎是一個樓層的倉庫制式規格與設計，主要是考慮會員便利的消費動線、降低建置成本及後續的維護費用。黃總監說：

賣場的入口處關乎會員整體購物流程體驗的關鍵點，因爲入口處的員工除負責檢查會員證外，還須管控進場的人數，當進場人數多了，就會立即通知結帳處的員工，他們會在 30 分鐘後彈性增開結帳櫃檯數，以舒緩會員長期等待結帳時間的不滿情緒，提高會員整體消費的體驗程度。不僅如此，設計賣場時還考慮會員可在同一個樓層完成退換貨的便利性，商品陳列於工業用的貨架展示，會員在貨架間推購物車時也可感受到我們走道的間距優於同業，這些都是要提供會員便利的服務流程。

賣場動線的規劃也是全球統一，入口處一定規劃爲 3C 產品及高單價商品，主要是挑起會員的購買慾望，至於日常生鮮及必需品則規劃於賣場的最裡面，就是希望會員能邊走邊逛、邊看邊買，經過「情境」展示區時，讓會員在情境中進行商品的比較、使用及體驗，最後再晃到賣場的最裡面，進行日常生活必需品的採購，如此精心設計的動線，就是希望提供會員在賣場中獨特的消費體驗，同時創造會員人均單價極大化的目標。

對於好市多是如何透過降低建置成本及後續的維護費用，達到各店的營運績效與降低商品的售價，黃總監說：

還是要回歸到一個樓層倉庫的概念。倉庫基本就是一個樓層的設計理念，入口處、進貨區及儲存倉庫區都在同一個樓層，所以我們只需要 2～3 台堆高機就可以方便運作，若有兩個樓層就需要額外的機具。此外，基於倉庫的理念，賣場的地板也以耐用及容易維護的高強度水泥方式鋪設，這些費用我們都會去精算，這樣可以節省很多的後勤及維護費用。

最後，賣場內所有的商品也都幫會員考慮到包裝的完整性及規格化，不需結帳人員額外花時間進行包裝，這些流程與細節的規劃都可有效降低我們的營運成本，將節省下來的金額回饋給我們的會員，同時增加我們的獲利能力。

市場或消費者的價值認同

台灣好市多目前有超過 250 萬會員，換句話說，幾乎每 10 人就有一位是好市多的會員，新會員以每年一成的速度增長，續卡率高達九成以上，和美國與加拿大續卡率相當，但高於國際市場 89% 的續卡率。即便在 2016 年將年費調高至 1,350 元，續卡率仍維持九成，這代表了無論是市場及顧客均對台灣好市多對會員所倡議的價值主張均表認同。然而，每年高達九成會員對 Costco 的認同，並非好市多剛進入台灣市場就有如此高的認同度，反而是好市多堅守營運 3D 策略，才有今天這樣的成績。

回顧 1997 年，好市多剛進入台灣市場並選擇高雄開立第一間分店，馬上面臨兩個最大的經營門檻，一、要先繳年費成為會員後，才能進入賣場消費；二、當時的消費者無法接受低價大包裝的商品。就這樣公司連續虧損五年，市場、同業及消費者都在懷疑好市多是否還要堅持美國總公司的核心價值？例如，台灣當時的市場尚未有收費會員的賣場、顧客來店的人數眞是少得可憐，均已證明美國那套的銷售策略行不通，商品再好，顧客不上門，也等於沒人知道。根據 2015 年 9 月份張總經理於華航的演講內容及 2017 年出版的書中提到，好市多仍堅守美國總部的營運 3D 策略「定位、獨特、原則」（Definition、Differentiation、Disciplines），這個策略聚焦在好市多營運的獨特性，隨後衍生其營運的定位及原則，台灣好市多團隊初期在高雄的深耕及堅持的方向，才有今日輝煌的成果。

- 獨特（Differentiation）：好市多與其它零售業最大的差異為「會員制」，但這也是該公司營運的獨特性。好市多的會員制度是「國際會員」的概念，也就是一旦成為某國家會員，立即成為好市多全球的會員。黃總監強調，會員卡不只是全球通用而已，在美國買的商品，若衣服有瑕疵或尺寸不合，回來台灣後都可以辦理退貨，這是全球的保障。此外，該公司除一直在創造會員最大的價值與服務外，且對於未來的精準行銷及與會員建立的黏著關係等，這些都是維持高續卡率的關鍵因素。

- 定位（Definition）：1997 年台灣第一家好市多高雄店成立時，當地的消費者幾乎沒有人認同好市多獨特的營運策略，高雄好市多團隊爲了要當地消費者認同好市多的營運定位，於是推行了讓當地消費者可以免費進入買場體驗的「一日卡」或「一週卡」，再透過免費的社群行銷來強化會員對好市多提供服務的認同度。不僅如此，星期例假日也會到不同的社區或是鬧區進行「試吃及促銷」活動，並與消費者直接溝通加入會員所享受的價值與服務。就這樣高雄店的業績逐年攀升，也代表有越來越多的會員認同好市多營運的定位，終於在第六年開花結果，轉虧爲盈。
- 原則（Disciplines）：好市多在高雄最艱困的那五年期間，堅決不妥協的行銷活動就是「花錢登廣告」。好市多認爲，他們營運的獨特性就是提供會員「高品質、低價格」的商品，且毛利率只有 12% 上下，若當時花大錢登廣告，所接觸到的消費者可能都不是他們的會員，反而增加營運的壓力及現有會員無法買到更便宜的商品。因此，好市多只針對會員提供「會員折價護照」，讓會員可以用更優惠的價格買到喜歡的商品。

台灣好市多在高雄經歷了那五年面臨招募會員的挫折及努力，這些經歷都成爲日後公司展店及招募會員的養分及基礎。因此，台灣招募會員的方法甚至成爲美國總公司來台學習的標竿。好市多在新門市要開始營業前，其銷售團隊都會針對該區進行潛在新會員的開發。以台中店爲例，開幕前已有四萬名新會員的加入，這是全球的首例，更證明了台灣好市多賣場無論在市場或供應商等面向，均屬成熟的開發市場，會員更對好市多所倡議的價值主張給予高程度的信任感與認同感。

本書在進行焦點訪談時，其中一位會員對台灣好市多所提供的服務有感而發：

我對好市多的整體感覺就是「美國商品、品質優良、價格便宜、採雷機率低、退貨機制好」。好市多不定時寄發的「會員折價護照」，有時不經意的買到了護照內的優惠商品，結帳時就會直接扣抵，除提供我們最實在的優惠外，也讓我在好市多購物非常的放心。雖然我只退過貨一次，卻給我留下非常好的印象。當時買了一組飛利浦電動牙刷，回到家包裝拆了，但還沒用，無意間看到別家的價格更便宜，就拿去退貨，好市多只問了一個問題「退貨原因」，我說別家賣的比較便宜，好市多就完成了退貨程序。雖然新聞媒體有時會報導一些會員惡意瞎整這個退貨機制，但看到好市多的正面回應及其經商之道，就知道好市多在台灣的經營及受歡迎程度一定會有相當的幫助。

目前好市多在亞洲共有台灣、日本、韓國及中國大陸等國家的門市，我們針對這些國家（不含中國大陸）的土地面積、總人口數及好市多的分店數進行分析，藉此了解台灣民眾對好市多的需求完全超越其它的國家（表個 4-1）。

台灣好市多門市數雖遠低於日本，但卻與韓國門市數相近。我們再從總人口數對應總門市數來看，台灣約每 168 萬人就會有一家好市多門市，遠低於韓國的 323 萬人及日本的 407 萬人；再從土地面積來看，台灣約每 2,585 平方公里就會有一家好市多門市，也是遠低於韓國的 6,200 平方公里及日本的 12,100 平方公里。由此可看出，台灣市場對於好市多的需求度及認同度，均優於周邊亞洲國家。

表個4-1　比較台灣好市多與日本、韓國之分店與人口數的密度

當地國門市數	台灣		日本		韓國	
	14	比率	31	比率	16	比率
全球門市排名	7		4		6	
土地面積(平方公里)	36,197	2,585.50	377,962	12,192.32	100,210	6,263.13
人口數	23,568,378.00	1,683,455.57	126,140,000.00	4,069,032.26	51,709,098.00	3,231,818.63

資料來源：作者整理，取材自美國好市多官網。

財務或績效

美國 Costco 與台灣大統集團於 1997 年合資成立「好市多股份有限公司」（Costco President Taiwan, Inc）[2]，因該集團及台灣好市多在台灣均並非上市公司，故無法從公開資訊網站及公司官網查詢相關的營業績效。我們透過美國 Costco 官網查詢投資者關係年度財務報表，進而了解美國 Costco 近五年整體的財務績效，同時也進一步查詢有關科克蘭自有品牌的銷售狀況、會員費及平均毛利等與年度銷售額間之關係（表個 4-2）。

2021 年底 Costco 在全球 12 個國家共經營 828 家門市，年度銷售額（不含會員費收入）達 1,920 億美元，年度淨利 40 億美元，相較去（2020）年分別成長 18% 及 15%，主要受惠於電子商務在疫情期間全球的銷售成長。美國 Costco 的核心價值「高品質、價格低」且商品毛利不超過 14% 的堅持，從表個 4-2 可以很清楚的了解，過去五年平均商品毛利均在 10～11% 間浮動，並無太大的起伏，這也說明 Costco 對商品最低價的堅持及具有價格權威領導地位。雖然 Costco 提供會員最低的價格，但還須提供會員商品最好的品質與價值，兩者必須兼具，缺一不可。

Costco 自有品牌科克蘭（Kirkland Signature Brand）的創立，除提供會員另一個品質至少與國際品牌相同，但售價比同類商品低約兩成的選擇外，還藉由前述的原因來獲取會員對該自有品牌的信任及續卡的忠誠度。科克蘭品牌商品的毛利率除較其它商品高外，其銷售額更是逐年增加，2021 年的銷售額高達 590 億美元，相較可口可樂 2021 年全球年度營業額約 94.6 億美元，就可知道 Costco 自有品牌柯克蘭的價格、品質及受歡迎的程度。此外，該自有品牌的營收更占整體銷售額約 31% 左右強，絕對是公司獲利的主要來源。

會員年費也是 Costco 年度的重要收入來源之一。根據年報表個 4-2 顯示，2021 年全球共發出 1.11 億張會員卡，較去（2020）年成長 5.88%，其它四年平

---

2 參考 p.206 註 1 的說明

表個4-2　好市多年度財務績效

Fiscal Year Ended Aug of	2021		2020		2019		2018		2017		2016
Operations Performance	Results	Pcnt	Results	Pcnt	Results	Pcnt	Results	Pcnt	Results	Pcnt	Result
1	$192,052	17.66%	$163,220	9.29%	$149,351	7.89%	$138,434	9.72%	$126,172	8.76%	$116,013
2	$59,000	13.46%	$52,000	7.53%	$48,360	24.00%	$39,000	11.43%	$35,000	N/A	N/A
3	$3,877	9.49%	$3,541	5.64%	$3,352	6.68%	$3,142	10.13%	$2,853	7.82%	$2,646
4	828	3.11%	803	2.29%	785	2.21%	768	2.95%	746	3.18%	723
5	$232	14.11%	$203	6.84%	$190	5.55%	$180	6.58%	$169	5.40%	$160
6	$93	14.11%	$81	-5.98%	$86	-4.05%	$90	6.58%	$85	5.40%	$80
7	30.72%	(1.14ppt)	31.86%	(0.52ppt)	32.38%	4.21ppt	28.17%	0.43ppt	27.74%	N/A	N/A
8	2.02%	(0.15ppt)	2.17%	(0.07ppt)	2.24%	(0.03ppt)	2.27%	0.01ppt	2.26%	(0.02ppt)	2.28%
9	11.13%	(0.07ppt)	11.20%	0.18ppt	11.02%	(0.02ppt)	11.04%	(0.29ppt)	11.33%	(0.02ppt)	11.35%
10	10.01%	(0ppt)	10.01%	(0.03ppt)	10.04%	(0.02ppt)	10.02%	(0.24ppt)	10.26%	(0.14ppt)	10.40%
11	$6,708	23.42%	$5,435	14.74%	$4,737	5.74%	$4,480	8.98%	$4,111	11.96%	$3,672
12	$5,007	25.11%	$4,002	9.37%	$3,659	16.75%	$3,134	16.98%	$2,679	14.00%	$2,350
1	61,700	6.38%	58,000	7.61%	53,900	4.46%	51,600	4.45%	49,400	3.78%	47,600
2	49,900	5.27%	47,400	6.28%	44,600	4.45%	42,700	4.40%	40,900	4.60%	39,100
3	111,600	5.88%	105,400	7.01%	98,500	4.45%	94,300	4.43%	90,300	4.15%	86,700

*Including K.S. Sales

*Estmation TWN memberships

*Gross Margin, Net sales less merchandise costs.

*S&GA, Selling, General and Administrative Expenses

資料來源：作者整理，取材自美國好市多財務報表官網。

均每年成長約 4.34%；年費收入約 38.7 億美元，較去（2020）年成長 9.49%，每年會員費收入占整體銷售額平均約 2.1%，表示銷售額與會員費間的成長幅度是相當的類似。

有關台灣好市多的營運績效，我們引用 2020 年 2 月號《哈佛商業評論》訪問好市多亞洲區總裁張嗣漢所提供的兩個關鍵數據「13 間門市、年營業額 840 億台幣」估算，每間門市年均營業額約約 65 億台幣，約 2.16 億美金，優於全球每間門市均值 2.03 億美元。除此之外，台灣的內湖、中和及台中等三門市的年度營業額排名甚至是全球第二名，也就是約落在 2.5～3 億美元間的佳績。以 2021 年全台共有 14 間門市，保守推估當年度（2021）全年營業額約有 1,000 億台幣左右的實力。

最後，台灣的消費者對美國 Costco 所提出「高 CP 值商品」的價值，產生了絕對的信任度及高忠誠度，這些也都反映在公司的年度財務報表及高續卡率上一併呈現。

參考資料

1. 張彥文（2020）。好市多亞太區總裁張嗣漢：用商品把會員經濟做到最極致。哈佛商業評論（新163期），2月號。台北市：遠見天下出版股份有限公司。https://www.hbrtaiwan.com/article/19359/costco-asia-pacific-member-economy-to-the-extreme
2. 張嗣漢（2017）。教練自己：從球場到職場Costco亞太區總裁張嗣漢的工作原則與人生態度。台北市：時報文化出版社。
3. Costco Official Website (2021). Investor Relations Overview. https://investor.costco.com/
4. The Coca Cola Company (2021), Financial Results. https://investors.coca-colacompany.com/financial-information/financial-results

個案五

中華航空公司 (China Airlines)

個案圖　中華航空公司

資料來源：取自於中華航空臉書相片

個案基本資料與發展沿革

中華航空公司（簡稱華航）的前身爲民航空運隊（Civil Air Transport），主要負責中華民國政府自1949年撤退到台灣後執行相關的航空運輸及軍事任務，數年後，政府有感於需要一間能夠降低軍用色彩且政府能主導相關運作的民間航空公司，於是在中華民國政府及空軍的共同協助，1959年12月16日華航第一位正機師練正綱先生駕駛編號B-1501的PBY-5A水陸兩用螺旋槳飛機（圖個5-1），從松山機場起飛隨後緩緩的滑到平靜的日月潭湖面時，這趟歷史性的航程是華航的首航，也是華航正式開業的日子。

圖個5-1　華航第一架PBY水陸兩用飛機

資料來源：取自華航雜誌網路版

1960年華航成立初期，資本額爲新台幣40萬元，僅有26名員工，兩架PBY及一架C-46飛機，在沒有航權及非常有限的資源下，經營客、貨、郵運、海上救護、空中照相、協助政助支援金馬前線撥補及大陸空投、空降等特殊之不定期任務，營收菲薄，數度瀕臨倒閉之際，經營十分艱困。1961年，寮國爆發內戰，華航獲得寮國戰地空投運補及越南戰地特種運輸等任務，奠定了華航日後發展重要的經濟基礎。1962 年華航獲得台北至花蓮的第一條國內定期航班及航線，並於 1966 年開闢第一條台北至西貢的國際航線，隨後華航陸續擴充各機型的機隊，到了 1980 年代，華航除飛航國內航線外，國際航網已擴展至東北亞、東南亞、北美、中東及歐洲等國，並擁有最新波音及空中巴士等噴射機隊，成爲最具代表中華民國的國籍航空公司。

因華航已成爲代表中華民國的國籍航空公司，華航從成立至今已有 61 年的歷史，飛機機身的塗裝及企業識別標誌基本上來說只調整了一次，1960 年到 1995 年期間，飛機塗裝以中華民國國旗的顏色爲基調，以機身窗戶爲中心，將「藍、白、紅」三色從上至下依序滾邊塗裝並延伸至尾翼上，並將中華民國的國旗展示於尾翼，反映出華航是代表中華民國的國籍航空公司。同時期，華航企業識別標誌爲將 CAL 英文字母以飛機意象及梅花標誌來表示，其中 CAL 飛機意象因其造型設計貌似航空器，代表華航所從事的航空事業，及追求服務圓滿的精神；梅花則意喻爲國人自營的航空公司，在初期成立艱困的環境中，仍然志氣昂揚。1995 年華航對於飛機塗裝及企業識別標誌則是進行了自成立以來最大的調整，主要係因部分國家拒絕華航漆有國旗的飛機入境。因此，將尾翼的國旗改採以潑墨「梅花」展現出「紅梅揚姿」的企業識別及代表國家的形象。機身 CHINA AIRLINES 旁邊增加紅底白字「華航」篆書字體的印章，彰顯出華航對旅客服務的承諾，同時傳達出華航翱翔天際，追求圓滿極致的目標。

華航成立之初係由一批中華民國空軍及政府所共同成立，爲確保公司永續經營的理念，公司股東捐出所有的股東權益，並經政府部門核定，於 1988 年成立「財團法人中華航空事業發展基金會」，將華航的監督管理權交給社會，爲日後申請股票上市進行準備。華航於 1993 年 2 月 26 日正式於證券交易所掛牌買賣，成爲我國第一家股票上市的國籍航空公司。

華航爲使航線擴展極大化，面臨全球航空產業極度競爭的情況下，且各航空公司均在尋求策略性的合作夥伴進行相互的合作。華航唯有透過資源共享，才有利於拓展未來全球航網及服務的效益，在國際航空市場取得競爭的優勢。因此，華航自 2010 年 9 月中旬就與天合聯盟（Skyteam）簽屬加入意向書，期間華航進行與聯盟規範及各航空公司系統及服務等細節的對接準備工作，一年後天合聯盟於 2011 年 9 月 28 日正式同意華航成爲天合聯盟第 15 個成員航空公司，也是台灣首家參與國際航空聯盟的國籍航空公司。入盟前，華航雖已是國際的航空公司，入盟後，華航擁有與各航空公司間更多的合作資源，可以讓更多的國際旅客體驗華航更完整及一致的服務，這些華航跟隨國際潮流的趨勢，將華航推波並轉型爲眞正的國際性航空公司。

華航爲因應穩健發展需求及配合航網發展等策略，持續推動新機引進及汰換機隊計畫，並於 2014 年引進 777-300ER 全新的機隊，將「宋代美學」理念導入全新的客艙設計、服務及制服上面，在經濟艙並推出親子臥鋪，提供旅客搭乘時可享受更好的舒適空間。2016 年 9 月下旬，華航在法國空中巴士總部土魯斯交機中心舉行台灣第一家擁有 A350-900XWB 中長程客機的交機儀式，該機型的引進將有助於華航機隊年輕、節油效率、直飛便捷及宋代美學等優勢（圖個 5-2）。隨 747-400 客機於 2021 年 4 月全部除役，華航至 2022 年三月底，共有 84 架機隊，包含 22 架全貨機，波音 777 及空中巴士 350 等機型，擔負飛航美國及歐洲等洲際航線的任務，更是華航未來的主力機隊。2022 年初新增 5 架最新

圖個5-2　台灣第一家航空公司引進A350機隊

資料來源：空中巴士接機中心提供

型的 A321neo 機型，未來空中巴士將陸續交付 10 餘架，該機型將執行區域航線的飛航任務。華航因新機的引進，全機隊整體機齡約爲 10 年，航網更遍布 29 國 154 個客、貨機航點。

華航的資本額從剛成立的 40 萬元，60 年後增加到 542 億，除航空本業外更積極投資相關航空產業，截至 2021 年底華航集團已擁有 32 家轉投資事業，遍及上、中、下游之航空運輸、地勤服務、觀光休閒、航太科技、空運輔助、倉儲物流等事業，優化服務品質及集團競爭力，提升華航整體價值鏈的價值。

價值主張說明與變革

華航自 1959 年初創時期，係由一批中華民國空軍專業人員所組成，主要是配合政府的運作及經營寮國及越戰時期的特種軍事任務。往後的 40 多年，華航雖逐步擴展國際航網及擴充機隊，但公司的管理機制及大部分的機師仍承襲空軍的倫理制度，致使公司的願景、使命及價值，並無明顯的紀錄及彰顯出來。

即便如此，華航經營民航事業對於旅客的感性訴求還是有其必要性。1967 年刊登於東南亞國際班表的封面「您在東方最友好的航空公司」（Your Most Friendly Airlines in the Orient）及 1983 年華航開闢荷蘭阿姆斯特丹航線的平面廣告「搭乘華航、稱心如意」，均強調服務的重要性。雖後華航陸續引進波音最大的 747 巨型廣體噴射客機經營美國航線，該機型對消費者而言代表了「舒適及安全」的表徵，於是後續的廣告大部分以 747 爲背景，並搭配「相逢自是有緣、華航以客爲尊」（We Treasure each Encounter）的感性訴求，強調華航爲國籍航空公司承襲中華文化並提供以禮相待的服務。到了 1990 年代，華航爲因應兩岸及國際情勢的壓力，先成立華信航空子公司飛航必要的國際航線，同時華航積極投入飛航器上國旗的識別塗裝及企業識別標誌的規劃，公司才能永續的經營與發展。「紅梅揚姿」在 1995 年正式取代飛行器上的國旗，試圖透過「梅花」強調華航仍爲國籍的航空公司，此外，「得意春風、自在飛翔」（We Blossom Everyday）亦成爲新一代對旅客的感性訴求。

然而，華航在 2000 年之前曾經歷多次不同的飛航事故，組織體系及管理階層主管也面臨多次的調整，許多政策及對旅客的訴求也礙於主客觀因素面臨了延續性的問題。到了 2012 年，華航爲向社會大衆揭露企業在永續經營管理的理念，及推動實務的進程與決心，並依循全球報告書協會（Global Reporting Initiative, GRI）之全球永續報告書綱領指南進行撰寫，到了 2013 年，華航成爲國內第一家正式發行首份永續報告書（Corporate Sustainability Report, CS Report）的航空公司。華航對於企業的願景、使命及經營理念才正式的彰顯及記錄下來。在報告書出版前，均採用「值得信賴、邁向卓越」及「安全第一、以客爲尊、團隊合作、追求卓越」等類似的訴求，並依需求適時調整。

自 2012 年到 2020 年期間，華航剛開始還在探索符合企業的願景、使命及經營理念，並針對公司未來的發展進行了三次的調整。這其中的轉折及變化，主要是因應華航新世代波音 777 及空中巴士 350 新機隊加入營運，替換節油效率較差的波音 747 舊世代機型，預期可大幅提升歐美航線的競爭力，成爲永續經營的主要動力。因此，公司的願景、使命及價值觀一直到了 2016 年才正式的確定（圖個 5-3）。

圖個5-3 華航永續策略發展史

資料來源：作者整理

回顧 2012 年，華航的第一本環境永續報告書，公司延續過去「值得信賴、邁向卓越」作爲企業的願景策略。2013 年首次發行的永續報告書，公司已針對企業經營的願景與展望的策略有了較明確的定義與說明，強調公司內部員工對於飛航安全及創新服務再深化，進而創造外部旅客的滿意及股東的最大利益，這樣的永續策略延續到 2014 年（表個 5-1）。

表個5-1　2012～2014年華航永續策略發展內涵

永續策略	2012	2013～2014
願景	值得依賴、邁向卓越	值得依賴、邁向卓越
核心價值	N/A	安全、紀律、創新、服務、團隊
經營理念	N/A	滿意的顧客、快樂的員工、創造股東最大價值

資料來源：作者整理，取材自華航環境及企業永續報告書。

2015 年，華航為期許成為台灣企業永續發展的典範，及適逢 777 新世代客機於 2014 年 10 月加入營運的行列，公司管理階層篩選內部各階層員工及主管等代表共同組成「共識營活動」，希望透過活動的設計及現場主持人的引導，大家能暢談心中對公司的想法，共同凝聚出大家的共識，以確立公司未來發展之願景、使命、目標及華航人應具備的特質與企業文化。經過六場共識營的活動，成功的凝聚出華航未來長遠發展的藍圖及永續發展的策略。「華航人、心文化」是期許所有華航人秉持心文化的內涵，推動華航持續向前，邁向卓越，成就華航未來的永續發展（表個 5-2）。

表個5-2　2015年華航永續策略內涵

永續策略	2015
願景	3年內成為全球前10大最佳航空公司
使命	值得信賴、以客為尊、邁向卓越
核心價值	華航人、心文化
華航人特質	誠信正直、微笑利他、惜緣感恩、謙虛學習
華航心文化	值得託付、團結合作、引領創新、專業永續

資料來源：作者整理，取材自華航企業社會責任報告書。

2016 年，適逢華航成立 60 週年之際，正謂「不經一番寒徹骨，焉得梅花撲鼻香」，這朵經歷風吹雨淋的紅梅，就在甲子年之際，經歷了新管理團隊的更替、勞資關係的衝突，及空中巴士於 9 月底交付，華航成爲首家擁有 350 機隊的航空公司。這些前所未有的嚴苛挑戰，讓新的管理團隊認眞思考目前永續的策略方向。公司在盤點機隊更新的計畫已大致完成，全新的服務體驗也即將展開，同時考量自身的競爭優勢及其它主客觀因素，透過天合聯盟的深化合作，期許能在未來激烈的競爭環境中脫穎而出，於是調整公司的永續策略目標（表個 5-3），並確認公司的使命或提供旅客的價值爲「用飛行與你我創造更多的美好」（Create More Wonderful Moment through Flying）。透過此次永續策略的調整，華航只有一個信念，就是要讓這塊紅梅揚姿的招牌能成爲台灣企業永續之典範。

華航認爲全新世代 777 及 350 新機隊的加入，不僅提供旅客搭機有更好及更多面向全新的飛行客艙體驗，此外，高效能的機身設計、節油效率及碳排放均較前世代的機種減少約 25%，這些因素都是促使華航形成全新使命的驅動條件。至於新增的價值觀取代過去核心價值或經營理念之原因，經營航空公司是一個高度專業的團隊分工，員工的價值觀應建立在專業的工作投入，讓團隊成就每一趟美好的旅程，期望所有員工能共同攜手爲公司及股東創造更高的價值。

表個5-3　2016年至今華航永續策略發展內涵

永續策略	2016～目前
願景	成爲台灣首選航空公司
使命	用飛行與你我創造更多的美好
價值觀	相信自己能做得更好

資料來源：作者整理，取材自華航企業社會責任報告書。

組織服務環境與流程設計

華航的服務環境與流程，相較汽車或 IKEA 這些的展場更具其獨特性。因爲航空公司對旅客所倡議的價值主張，大部分會聚焦於飛機客艙內的服務場域，更精確的說法，旅客大多數的時間都是在飛機的座椅上體驗航空公司所提供的各項服務。

華航自1959年成立以來，自詡從「您在東方最友好的航空公司」、「搭乘華航，稱心如意」、「相逢自是有緣、華航以客爲尊」、「得意春風、自在飛翔」到成爲「用飛行與你我創造更多的美好」等將旅客感性的訴求訴諸於首位。次外，華航也同時肩負國籍航空公司的任務及角色，爲傳承中華文化的特色，華航藉由此次購買波音777及空中巴士350機隊的機會，透過「新世代專案小組」的成立，引進國際級的設計團隊，從顧客的角度出發，重新檢視公司的品牌及服務定位，發掘出創新服務的核心價值，試圖透過飛機客艙的服務場域及服務流程，設計出符合華航新世代機隊的全新服務，讓旅客搭乘新世代機隊時，可體驗及感受到「用飛行與你我創造更多的美好」的價值。

新世代機隊客艙設計的主軸以「宋代美學」爲基調，將飛機客艙營造出三種不同的文人場景：商務艙「文人書齋、夜燈伴讀」；豪華經濟艙「文人書院、清朗脫俗」；經濟艙「文人市井、享樂安逸」，同時於客艙中增添更多現代感的元素與科技，讓旅客在三萬呎的高空飛行時，宛如置身精品旅館的舒適及時尚活潑的旅程。

新世代小組說：

我們利用此次新機隊引進的機會，就是希望該機隊能有全新的空間（客艙）設計概念，提供旅客嶄新的服務體驗。陳瑞憲設計師除將客艙區分三個場景外，更將宋代的東方美學及台灣文創等特色鑲崁於客艙中的各服務項目中，如，商務艙金爪個人化書燈，強調夜燈伴讀的情境，並以宋代器物爲靈感推出全新的餐具器皿，彰顯出東方美學的理念；豪華經濟艙的Sky Lounge水遊山驛，以宋代詩人陸游「憶昔輕裝萬里行，水遊山驛不論程」之意境，將台灣文創的茶藝、融合東西方文化特色的咖啡及文化旅遊書籍，據以展現出台灣文創的飲食文化，引領旅客體驗文人書齋的氣息，營造出清朗脱俗及有品味的旅行新主張；經濟艙延續宋代美學的概念設計，採用業界最輕薄及舒適的座椅、增加腿部空間的伸展性，座椅配置業界最大 11.1 吋的個人螢幕、USB 及 110V 電源插座等，都將旅客航程中的需求納入設計的規範，就是要提供旅客享樂及安逸的飛行旅程。

華航新世代客艙的設計只提供旅客硬體及視覺上的的直覺體現，若要提供旅客嶄新的服務體驗，還需配合軟體的投入及空服的訓練，才能提供旅客在服務場域中體驗的完整服務流程。新世代小組強調，這些最新服務項目的雛型設計出來後，後續相關的服務單位還需進行新世代軟體的投入及訓練。

我們過去機隊的影音系統，有些系統採用公播系統，也就是經濟艙的旅客必須要和大家一起看大螢幕的電影；有些系統則受限於硬體設施規格老舊的限制，導致軟體無法進行升級，達到旅客可以有隨選隨看（AVOD）的業界服務水準。新世代機隊影音系統的挑選，我們經過了相當長的時間在做效益評估，最後決定商務艙配備 18 吋、豪華經濟艙及經濟艙分別配置 12.1 吋及 11.1 吋等業界最新、最大的個人影音螢幕，據此，三艙等均可提供超過 100 多部的電影、短片、音樂等隨選隨看（AVOD）的影音功能，讓旅客登機後可以立即戴上耳機，掌控自己手中的遙控器，盡情的選擇及享受影音系統所帶來無限的感官體驗。

爲了讓旅客對新系統的學習時間降到最低，華航將系統的操作流程以圖片的方式印在機內雜誌上，空服人員也都必須接受新世代影音系統的訓練，以因應旅客的需求。除此之外，當飛機飛行至 10,000 英尺高度時，WiFi 系統就會開啓，以迎合時下年輕人打卡的樂趣及商務人士的公務需求。

華航 777 及 350 新世代機隊將華航對旅客的承諾「用飛行與你我創造更多的美好」，引另進入一個全新世代的體驗。除新世代機隊全新的設計外，華航空勤組員的新制服更是服務場域的一部分。為迎合新世代機隊宋代美學的設計主軸，委託曾榮獲金馬獎並入圍奧斯卡最佳服裝設計的張叔平設計師，首度跨界合作幫華航打造新世代的制服。新世代小組說：

> 為了搭配新世代客艙的整體設計，我們也請國際知名的服裝設計師張叔平老師幫華航設計一款新世代的制服，希望該制服能保有中華文化傳統旗袍的特色及宋代美學的精神，展現出華航空服員動靜皆宜的特色。我們更希望所有的旅客在登機的那一剎那，就可以旅客感受到新制服與客艙的特色的完美融合。

新世代小組更強調：

> 新制服除創造視覺的亮點外，當空勤組員穿上制服的那一刻起，新世代的榮譽感及服務也隨即綻放出來。我們空服訓練部的老師對全部的客艙組員進行新世代客艙的安全、新產品與服務流程等進行全新的教育訓練，就是要讓旅客感受到「華航，眞的不一樣了」。

最後，新世代機隊提供旅客靜謐氛圍的 LED 情境照明場景、更安靜的沉靜客艙、醫療級的換氣系統及維持最適體感艙壓的健康飛行等。這些細緻服務場域的設計及客艙組員的服務，華航都是希望旅客登機後能「用飛行與你我創造更多的美好」旅程價值。

市場或消費者的價值認同

中華航空是一間總部設在台灣的跨國航空企業，華夏會員人數已突破 390 萬人，此外，天合聯盟（Skyteam）等 18 家國際航空會員也都可透過航班銜接的機會，體驗華航對旅客所倡議的價值主張。

華航自 2015 年起藉由新世代機隊陸續的加入營運，旅客對於「用飛行與你我創造更多的美好」的價值已逐現成效。我們透過華航近五年的載客人數、載客率及酬載旅客飛行距離（Revenue Passenger Kilometers, RPK）就可略知旅客對於價值的認同程度（表個 5-4）。

表個5-4　華航近五年旅運載客人數與RPK的比較

年度	2021		2020		2019		2018		2017		2016
單位: '000	載客人次	Pcnt	載客人次	Pcnt	載客人次	Pcnt	載客人次	Pcnt	載客人次	Pcnt	載客人次
華航	173	-92.76%	2,390	-84.71%	15,628	0.10%	15,613	3.23%	15,125	2.78%	14,716
載客率 %	16.7	(25.45 ppt)	55.3	(25.45 ppt)	80.75	1.21 ppt	79.54	(0.50 ppt)	80.04	1.68 ppt	78.36
RPK*	639	-92.04%	8,030	-81.12%	42,533	1.88%	41,748	3.93%	40,171	3.80%	38,702

*Revenue Passenger Kilometer, RPK 酬載旅客x飛行公里距離
資料來源：作者整理，取材自華航公開年報書。

根據表個 5-4 的資料顯示，華航載客人次的趨勢是逐年上升，到了 2019 年達 1,500 萬人次，雖較前年僅成長 0.10%，主要是受到當年機師於春節期間罷工的影響，致使旅客人數沒有大幅的成長，但載客率及 RPK 均較去年分別上升 1.21ppt 及 1.88%。2020 年因受新冠疫情的影響，旅客人次大幅縮減僅剩 239 萬人次，2021 年更僅剩 17 萬人次，絕大部分的運量轉至貨運。搭機旅客人次的多寡，除航網、時間及票價等因素外，旅客願意搭乘及搭乘後的滿意度，更能彰顯旅客對於航空公司所倡議價值主張的認同程度（表個 5-5）。

表個5-5　華航近五年旅客滿意度表現

華航旅客	2021		2020		2019		2018		2017		2016
滿意度指標	指標	Pcnt	指標	Pcnt	指標	Pcnt	指標	Pcnt	指標	Pcnt	指標
滿意度	90.7	2.37%	88.6	1.03%	87.7	0.57%	87.2	2.47%	85.1	1.79%	83.6
樣本數	9,512	-82.32%	53,801	-82.91%	314,754	6.75%	294,850	10.60%	266,582	N/A	N/A

資料來源：作者整理，取材自華航企業社會責任報告書。

華航對於旅客意見的回饋特別的重視，旅客訂票時都會要求留下電子郵箱的地址，當飛機抵達目的地後，將透過系統自動發送「機上旅客意見調查表」電子問卷至旅客的電子郵箱，以反應當次班機的客艙體驗滿意度。根據表個 5-5，近

五年旅客滿意度的趨勢爲逐年提升，發送問卷的樣本數也逐年增加。這些數據都代表每位搭乘旅客對華航提供價值的認同感。

除旅客對華航的價值產生了共鳴感，事實上，華航爲強化及連結搭機旅客的情感與價值，自 2017 年起連續三年拍攝了「帶爸媽去旅行」、「說好的旅行呢」及「旅行帶給你的紀念品」等三部顛覆傳統旅遊廣告思維的微電影，分別獲得 117.7 萬、555 萬及 606 萬的廣大觀看人次的回響，也順勢帶動華航旅遊的熱潮，更於 2017～2018 年獲得第 40 及 41 屆時報廣金像獎，及 2019 年全球認證與權威性 4A 創意金牌獎。

華航新世代機隊服務場域的全新設計及流程推出後，除讓旅客驚豔不已外，且屢獲國內外創新設計獎項的肯定。華航的客艙體驗自 2018 年起連續三年蟬聯國際「航空旅客體驗協會」（Airline Passengers Experience Association, APEX）旅客票選爲「全球航空五顆星」（2020 APEX Five Star Global Airline）最高的榮譽。客艙設計更是全球首家獲德國紅點授予「最佳設計獎」的航空公司；其它如 TheDesignAir 獲頒「最佳商務艙」；日本 Good Design Award（ADW）則頒發「最佳客艙設計、客艙情境燈光及影視娛樂系統操作介面」及台灣室內設計「TID 獎」等殊榮。

過去搭乘華航的旅客也表達出他的感受：

> 華航雖然是一間民營的企業，但大家都知道華航是代表中華民國的國籍航空公司，也是出國搭機的主要選擇。搭飛機出國是一件非常愉快的事，且搭飛機一定要吃飛機餐，就好像搭火車一定要吃台鐵便當的那種感覺。華航早期在經濟艙看電影沒選擇，大家一律看大螢幕的公播電影，實在很無聊也很糟糕。現在華航的新飛機都在經濟艙提供很大尺寸的個人螢幕及隨選隨看的電影系統，對我來說在飛行途中會產生很多的樂趣，時間也會過得很快。華航的空姐及服務一直都比長榮及國泰好，特別是空姐的笑容及親切的服務與問候，都會讓我在踏入華航客艙的那一瞬間，就會讓我有種回到家的親切感。

華航「用飛行與你我創造更多的美好」的價值，除獲市場、業界的肯定外，更已深植於台灣廣大消費者心中，成爲首選的航空公司。

財務或績效

華航爲台灣股票上市公司，該公司的運績效可透過公司年報書取得。此外，我們也根據長榮航空於公司官網所公告的各年度年報，以進行台灣兩大國際性的航空公司進行比較。

經營航空公司最大的營業成本爲「航空油料費」，約占整體費用之 30% 左右。該費用經常受限於外在環境因素，若國際油價上漲一美元，將影響公司最後獲利的表現，當然機隊飛機的用油效率將成爲最重要的關鍵因素。華航自 2016 年底陸續引進 777 及 350 機隊，就是要汰換客艙老舊及用油效率較差的 747 機隊。根據表個 5-6 顯示，華航近幾年的營收及獲利均穩定成長，主要是受惠於國際油價的穩定及 777、350 新世代客機加入營運，帶給旅客全新的搭機體驗及價值。但 2016 年華航碰到自公司成立以來最大的勞資爭議，導致當年的營收及獲利表現不盡理想；2019 年爲華航成立的第六十週年，適逢美、中、台、港等地緣政治因素，影響旅遊意願及遭受第二次勞資爭議等影響，導致當年營收較前（2018）年降幅達 2.6%，致使當年虧損 12 億台幣，爲近年之最。

2020 年再遭受新冠疫情影響，重創全球航空旅遊產業，客運受創嚴重，但華航受惠 747 貨運機隊、客機載貨及供需運價上漲等優勢，貨運營收較前（2019）年漲幅達 80%，致使當年仍有 1,000 餘億的營收及 1.4 億元的獲利績效。新冠疫情仍延續至 2021 年，華航仍維持「貨運爲主、客運爲輔」的經營策略，全力衝刺貨運營收，透過卓越的收益管理能力，提高整體貨機使用率，雖然 5 月份國內疫情擴散，導致全年客運人次僅 17.3 餘萬人次，較去（2020）年大幅下降 92.76%，但貨運市場無論是在運價及貨量的需求仍處於供不應求的現象，致使當年的貨運營收較去（2020）年提升 52%，貨運營收高達 1,245 億元，占整體營收之 94%，創華航 62 年的最高紀錄，獲利更高達 93.8 億元。

表個5-6　華航近五年營運財務績效

年度	2021		2020		2019		2018		2017		2016
TWD/Million	營運績效	Pcent	營運績效	Pcent	營運績效	Pcent	營運績效	Pcent	營運績效	Pcent	營運績效
營業收入	132,140	24.28%	106,327	-27.36%	146,372	-2.59%	150,264	7.47%	139,815	9.64%	127,525
營業淨利	19,320	295.50%	4,885	6006.25%	80	-95.67%	1,848	-74.88%	7,358	64.39%	4,476
本次淨利	9,380	6800.00%	140	88.33%	-1,200	-167.04%	1,790	-18.93%	2,208	286.01%	572

資料來源：作者整理，取材自華航公開年報書。

華航的營收長年來均優於長榮（表個 5-7），但長榮獲利能力卻優於華航，除華航的營運成本略高外，公司還須在有盈餘的情況下，應提撥當年稅前盈餘的 20% 爲員工獎金，致使公司的營運負擔較年僅 30 歲的長榮辛苦。2019 年長榮也遭受公司成立以來最重的勞資爭議事件，雖當年的營收停滯，但卻實質影響當年的獲利 39 億台幣，較 2018 年降幅高達 40%。長榮在 2020 及 2021 這兩年期間，受新冠疫情影響，雖也是全力衝刺貨運市場，但受限貨機機隊的數量及承載率，導致營收及獲利均不如預期。

表個5-7　長榮航近五年營運財務績效

年度	2021		2020		2019		2018		2017		2016
TWD/Million	營運績效	Pcent	營運績效	Pcent	營運績效	Pcent	營運績效	Pcent	營運績效	Pcent	營運績效
營業收入	95,330	19.76%	79,602	-41.31%	135,621	0.00%	135,620	8.22%	125,314	8.50%	115,496
營業淨利	9,596	620.11%	-1,845	-130.17%	6,116	-20.23%	7,667	29.03%	5,942	19.77%	4,961
本次淨利	6,608	296.61%	-3,361	-184.40%	3,982	-39.22%	6,552	13.91%	5,752	65.48%	3,476

資料來源：作者整理，取材自長榮航空網路年報。

華航於 2022 年初陸續引進空中巴士新世代 321neo 窄體客機，持續推動機隊汰舊換新，預期將提升營運效益並降低維運成本。時值後疫情時期，新機隊的加入將先強化疫情期間區域航線剛性旅客搭機的服務，後續待台灣邊境及轉機限制等法令鬆綁的時機，再適時投入東北亞、東南亞及兩岸等主要航線的營運及航網的接轉，維持市場的競爭力，爲疫後重啓做好準備，以提供旅客「用飛行與你我創造更多的美好」的價值。

參考資料

1. 中華航空 PBY-5A水陸兩用飛機。
https://www.dynasty-magazine.com/anniversary60/focus/retrospective.aspx
2. 中華航空（2015）。新世代機隊客艙設計概念。https://www.china-airlines.com/tw/zh/about-us/design-story
3. 中華航空公司（2012, 2013）。中華航空環境永續報告書。
4. 中華航空公司（2013）。中華航空企業永續報告書。
5. 中華航空公司（2014～2020）。中華航空企業社會責任報告書。
6. 中華航空公司（2017～2020）。中華航空公開年報書。
7. 曾建華（2002）。風雨華航。台北市：台灣壹傳媒。
8. 長榮航空（2019～2020）。108～109年度年報。https://www.evaair.com/zh-tw/about-eva-air/investor-relations/financial-reports/annual-reports/

個案六

富邦媒體科技 momo購物網

個案圖　富邦媒體科技公司

資料來源：作者拍攝

個案基本資料與發展沿革

「富邦媒體科技公司」爲富邦集團旗下「通訊媒體事業」等五個主要事業體中的關係企業。「富邦媒」成立於 2004 年 9 月，其創立的目的以「發展全方位虛擬通路，邁向國際化購物平台」爲初衷，在不同的時期分別成立了「momo 電視購物、網路購物、型錄購物及摩天商城」等四個虛擬事業單位。「momo 購物網」於 2005 年進入虛擬通路時，當時的競爭市場已有 2000 年 6 月成立的 PChome 線上購物（網路家庭國際資訊股份有限公司）及 2004 年成立的 Yohoo 購物中心（香港商雅虎資訊股份有限公司台灣分公司）等兩大電商公司，「momo 購物網」這個後起之秀在這嚴峻的競爭環境中，是如何透過集團綜效及槓桿優勢，在成立 13 年後的 2018 年其營收及股價一舉超越 PChome，登上台灣電商購物網站的龍頭寶座。

「富邦媒體科技公司」創立的次（2005）年 1 月 1 日「momo 電視購物」正式開播，可說是從電視購物開始起家的企業。電視購物開播後，考量若僅靠電視單一通路風險太大，且未來的購物市場應該是以網路爲主。因此，同年 5 月「momo 購物網」正式上線，同時藉由電視購物所累積的銷售資源，隨後推出「momo 購物型錄」的發行。「momo 購物網」的成長與發展過程與「電視購物」間發揮了資源相依的關鍵角色。momo 的受訪者洪處長（時任，已離職轉任它職）表示：

> 經營 momo 電視購物最大的營運費用就是每月要支付約上億元的頻道費。初期電視購物的核心商品爲「美妝及保健食品」，主要是因爲這兩項商品的毛利夠好，購買量夠大，可以支撐我們電視購物平台初期的營運。但也因爲這兩項核心商品，促使我們的客群是以女性市場爲主體，所以公司在設計企業識別標誌時，就是爲了吸引女性客户的圓圓的紅桃，非常的討喜。
>
> 雖然「momo 購物網」較電視購物晚 5 個月進入電商市場，但爲了

扶持購物網日後的營運基礎，首先將電視購物的客人及核心商品完全Shift（移轉）到網路，也就是電視購物有熱銷商品的時候，同樣的商品也會在網路的頁首出現，且還有折扣。也就是說，利用這些方法將原本電視購物的客人引導進入網站進行後續的消費行爲。

初期無論是電視購物還是網路購物，因 momo 才剛起步市占率還不是很大，所以與供應商議價的彈性係數都很低，光靠起家的核心產品也不是辦法。爲了要擴大產品線，momo 的受訪者回憶當時公司提出「海納百川」的經營理念：商品開發需利用「分子式」結構，以「分裂細胞」的方式將商品的項目及數量擴大，試圖搶攻市占率。時任洪處長解釋道：

這裡所謂的「分裂細胞」就是一位商品開發人員只能開發特定的商品，再將該商品無限的延伸下去開發，譬如說，我是負責開發廚房用品的「湯匙」，我就只能專精開發所有的湯匙商品，將該商品開發到很深。因爲初期知名的廠商都不會進來，唯一的辦法就找了很多「白牌」來經營，從這邊將基礎打好，再加上商品提供多元的折扣與促銷，慢慢的再移轉到大品牌的供應商。

momo 購物網自 2005 年 5 月上線以來，從初期槓桿電視購物的商品、客人及銷售技巧外，同時再廣納「海納百川」的方式將商品的廣度及深度開發到極致，就這樣 momo 購物網前 8 年一直處於虧損的狀態，但永遠堅持「財自道生，利源取義」之道理，先讓利給廠商及消費者，讓消費者有「物美價廉」的感覺。到了 2014 年，在這一年的時間轉虧爲盈，還將前八年賠的錢全部都賺了回來。這成功之道除了堅持「海納百川」及「財自道生」的經營理念外，momo 設定的競爭對手不是虛擬通路，而是「實體通路」。

momo 很清楚，台灣零售業每年大約有台幣 4.3 兆左右的營運規模，其中約 85% 都是發生在「實體通路」上，所以 momo 會與各大連鎖實體通路去比較雙方商品的強弱在哪，只要每個連鎖通路都搶回 1%，最後的業績是很可觀的。又因 momo 的業績及市占率已達規模，各供應商在大檔期的活動，都會幫我們去買流量，這也是幫廠商自己的營收，相對的，誰流量買的大，我們會將商品擺到網頁最明顯的位置。

momo 購物網除了滿足提供「物美價廉」的好商品外，「快」速到貨也是經營電子商務最重要的關鍵成功因素之一。時任洪處長解釋道：

我們現在所有的東西都準備好了，也就是我們的武器很強，裝備也很厲害，戰略也都很強，布局也都很棒，但沒有子彈。「貨」很重要，你再會賣，再會做 SP（Sales Promotions）。沒有貨，一切都是違論，更不用談快速到貨。

momo 於 2015 年左右就開始「蓋倉庫」，截至 2022 年 3 月底目前共有約 42 個物流倉庫，其營運據點包含全台 14 個主倉庫及約 28 個衛星倉。北區自動化物流主倉儲中心在 2017 年 10 月底於桃園市大園區完工（圖個 6-1），未來還會在南部的台南新市新增另一座自動化物流中心。雖然自動化物流中心可以大幅縮減倉庫內檢貨、分貨、貼標、包裝等處理時間，但若沒有衛星倉，就無法達到「天下武功、唯快不破」「快」的目的。momo 同時於 2020 年 5 月全資成立子公司「富昇物流」，將配送貨物的車隊（含機車）規模達百餘輛（圖個 6-2），其成立的宗旨就是要遵循母公司「物廉價美、優質服務」對消費者的價值與承諾，以達到「短鏈物流」，滿足消費者在特定區域可享受 5 小時「快」速到貨的服務。時任洪處長進一步表示：

富邦媒體體公司在 2014 年轉虧爲盈時，就已規劃好公司未來七年要做的事及營業目標，也就是在 2022 年時全通路要做到 1,000 億，在目前倉庫、衛星倉、及配送車隊逐漸到位。2020 年不會因疫情關係對業績有所影響，反而因爲疫情關係，在 3～5 月期間我們獲得了一大批新的客人，在雙 11 的時候單月業績超過 90 多億，過往單月業績大概維持 50～60 億左右，預估 2020 年可達 680 億，預估 2021 年可達 880 億，2022 年要達到 1,000 億的目標應是備受期待的目標。

圖個6-1　momo北區（桃園）物流中心

資料來源：作者拍攝

圖個6-2　富昇物流

資料來源：富邦媒官網

直至 2020 年底，富邦媒體成立不過 15 年，公司業務的重心已從電視購物慢慢的移轉到網路購物，公司的年度營業額約九成來自於網路的貢獻，電視購物約一成左右，更在 2108 年無論是年營業額或是股價都超過電商的先行者 PChome，正式成為台灣電商的新霸主。

價值主張說明與變革

富邦媒 2020 年 CSR 企業報告書所顯示企業的使命為「提供物美價廉的商品及優質的服務，來改善人們生活品質」；事實上，該公司的價值主張共經歷三次的調整，依序為「物美價廉」、「物美價廉，優質服務」及「生活大小事，都是 momo 的事」，每一次的調整都與公司過去的發展沿革有著密切的關係。基本上，我們可用，右聯「海納百川」、左聯「天下武功，唯快不破」、橫批「財自道生，利源義取」來說明 momo 價值主張在每個時期的獨特演進歷程。

2005 年 momo 網路購物上線的第一天，公司就已定調經營理念就是要做到「物美價廉」，東西先要好，才講價錢。網路剛上線之初因資源有限，市場的占有率還沒有被開發出來，與供應商的價錢都議價不下來，都是賣一些便宜的東西，但那些都不是消費者想要買，這也都不是我們當初所設定的經營理念。momo 內部商品開發人員要對所要販售的商品先進行市場調查，確認好之後，還需通過「商品審閱會議」（Products Selection Meeting），會議中再透過「價格管理機制」定調該商品的價格，並確認該商品的品質是不是符合預期的規格；商品進倉後，品管還會抽驗，不合格的就退貨，一定要先做到「物美」。

至於「價廉」，因剛開始營運的時候合作廠商不多，所以都是先行已採購進貨的方式處理，momo 試圖將進貨成本壓到最低，而付給廠商的貨款也盡可能縮短到 30 天，這雖是讓利給廠商，但無形間我們也和這些供應商建立了相當規模的供應鏈關係，以達到價廉的目標。除此之外，momo 網路購物營運的初期階段，很多商品都是透過自家電視購物的明星商品，以策略性的槓桿操作在 B2C 以及 B2B2C 的市場迅速攻占市場的占有率。另外，由於當時 momo 的付款條件優於其它同業，供貨商也願意提供最新及最優惠的價格給 momo 上架，這也就是 momo「財自道生，利源義取」經營理念的印證。這樣「物美價廉」的理念爲核心的經營模式，在成立第八年左右（2012 年）也逐漸形塑出 momo 的獨特企業文化。

momo 藉由透過「奧美廣告」對網路的消費者進行廣泛的調查，其中一個項是 momo 所提供的商品是不是「物美價廉」，結果消費者所回饋的資料及意見就是「物美價廉」。

再來談談 momo 的「海納百川」與「唯快不破」。2011 年底，也就是 momo 網路購物上線後的第六年，爲了要擴大網路商品的項目與數量，在經營上提出「海納百川」的概念，先以「白牌」帶動後續知名一線品牌的進駐。到了第十年（2015 年），公司發現「物美價廉」已無法滿足消費者的購買慾望，於是再增加「優質服務」這個價值訴求，增加的原因就是要迎戰主要的競爭對手 PChome 提供 6 小時的快速到貨服務（台北市特定區域）。時任洪處長補充說明：

> 除了講求到貨的效率外，momo 發現網路購物的客人對於到貨的時間的期待遠高於電視購物，也發現部分客人在電視購物看到某些商品，但不記得該商品的名稱或品號，就去網頁搜尋，因此，momo 電視購物的客人有將近 40% 會移轉到網路平台完成交易，不論什麼原因，都是希望到貨時間越短越好。基於這些原因，我們開始規劃並投資興建自動物流倉儲，透過大數據的資料分析決定哪些城市或區域可以駐紮衛星倉，再投資子公司成立配送車隊，這些投資就是要滿足「天下武功，唯快不破」的「快」，進而提升「優質服務」。

momo 除了提供「快」速到貨的「優質服務」外，對消費者退貨的態度，也是抱持著「保證退貨」的服務態度。時任洪處長進一步說明：

> ……不要囉嗦，就是讓他退。因爲退貨率低的商品就是好商品，消

費者會很直覺的告訴我們；若我們阻擋消費者退貨，就會讓好商品的數據失眞，阻擋退貨也不是提供「優質服務」應該有的內涵。

momo在2018年，將原來的價值主張「物美價廉，優質服務」提升到「生活大小事，都是momo的事」的境界。「物美價廉，優質服務」是momo過去數十年努力實踐對消費者的承諾與價值。但隨生活型態的轉變，momo致力提升網站內商品的豐富性與獨特性，提供消費者生活中所有需求的商品，從快速消費品、衣服紡品、冷凍食品、旅遊票券、圖書影音，甚至機車都可以買到。此外，爲迎合消費者時間與成本壓力，還積極布建綿密的物流網絡，從滿足消費者基本「一站式購足」的需求，提升到「生活大小事，都是momo的事」更高層次的電商平台。

組織服務環境與流程設計

一般消費者認爲虛擬場域的服務流程似乎有別於實體場域的設計。雖然實體場域強調可提供消費者體驗商品的最佳載具，但電子商務在虛擬場域中仍提供了這些獨特性體驗商品的環境與設計，如感官性與立即性。雖然虛擬場域無法在服務流程中（平台上）實質的進行「商品體驗」，但網路平台透過「感官」、「立即」和「差異」來強化商品體驗的過程，另外，「退貨機制」的服務流程也彌補了實質商品體驗的差異性。

虛擬場域的場景就是各家電子商務的網頁或APP的展現，具體的說，也就是電商公司對於自家官網所設計的消費網頁或APP，其使用介面的服務環境及消費流程要能符合消費者的使用習慣。這個論點看似合理，但本土電商已在台灣深耕學習了近20年的時光，隨科技的進步，資訊人員對網頁及APP所累積的專業知識均大幅提升，目前幾家大型虛擬通路場景的呈現，均朝百貨公司樓層及商品分類的概念進行設計，基本上都能符合消費者的使用習慣，也都趨於同質性。

圖個6-3　momo官網頁首「輪播圖」

資料來源：momo購物網頁截圖

momo 網站頁首的「輪播圖」類似百貨公司的一樓（圖個 6-3），提供消費者知名商品的組合及最優惠的價格。從 momo 的角度來看，這也是商品毛利最高的熱賣區。因此，虛擬場域所提供的服務環境和引導消費流程的設計架構，已成爲各電商平台建構「虛擬場景」的基礎建設。另外，虛擬場域爲了要彌補網路購物者無法對商品實際「看到」、「摸到」、「聞到」、「吃到」、「聽到」等感官體驗的缺憾，於是透過了另一種「感官性」的操作方式，以強化網路購物者對商品的信任與價值的認同，進而增加「流量」及「交易量」，同時降低「退貨率」，這些才是企業致勝獲利的主要關鍵因素。時任 momo 洪處長表示：

momo 購物網槓桿了電視購物的優勢與資源，將主賣商品透過約一分鐘左右的「影片」強調該商品的特色，讓消費者觀看後產生一個暫存的「想像空間」及「視覺張力」的效果。但這個想像空間必須是貼近他的生活，若這與他無關就不會延伸後續發想。譬如說，我們賣「宗教商品」，我們會在影片中傳遞老師的法力，透過特定的加持產生了獨特的法器，使用後會帶來什麼樣的法效，透過三法邏輯性的包裝，將你的信仰強化，還是一樣，這類的影片必須與你的生活相關，若無關效果有限。此外，我們還提供「網路及 APP 的直播」，對消費者而言，若我喜歡這個直播主及其所推薦的商品，我就會買，說也奇怪，同樣的商品，不同的直播主來賣，效果就會不同，這就是分眾市場及精準行銷的概念。

永豐商店的劉總經理也有類似的見解及更積極的做法，他說：

網路上的民生用品幾乎都是「標準規格品」不需有太多的變化，所以不太會有類似的問題。但若是說在網路上販售純天然果汁，我們的操作方法不是讓你聞到，因爲你也聞不到，也看不到，我們就是找知名的 KOL[1] 代言，因爲看你 Believe Someone；譬如說，咖啡豆，我會找咖啡達人出推薦該品牌咖啡豆的來源、酸度、苦味，及可存放多久及價格等訊息的發布，因爲你無法實體感受到，但你會相信你認同的人的經驗，讓消費者購買。其實，網路平台的銷售還有一個特性，那就是比較沒有價格的記憶性，但是它會有比較性。也就是說，在這個時間點你去買衛生紙，你可能不會記得上次的價格，但是你會在這個時間點去搜尋哪家最便宜去購賣。

前面提到，網路介面的好用程度可能會影響平台的「流量」及「交易量」。事實不然。根據資策會產業情報研究所 2020 年 10 月網路調查的結果顯示，2020 年網友選取網路購物平台的前 5 大因素，依序爲「價格便宜（60.6%）」、「商品種類齊全（39.1%）」、「網路購物金回饋（30%）」、「物流配送快速（34.8%）」、與「平台介面好用度（20.1%）」，其中「商品種類齊全」較 2019 年上升最高 10.6%，「物流配送」也有近 5% 的成長，這反映出消費者對於

1 Key Opinion Leader，意見領袖。

網購型態傾向「一站式購足」及「快速到貨」的期待。雖然「平台介面好用程度」相較其它因素低，但永豐商店劉總經理表示：

> 平台介面好不好用是購物操作流程的問題，相對影響較小。最重要的是消費者在網頁中能精準的搜尋到你想要買的商品才是關鍵。這部分蝦皮做得最好，因爲蝦皮主要的 Users 是 C2C，其次爲 momo，雖不滿意但已在進步中，最難用的是 PChome，因爲它的後台是給公司用的。

這與資策會針對 2020 年雙 11 網友青睞的網路平台調查發現，蝦皮（45.9%）最高，其次爲 momo 及 PChome 分別爲 31%、30% 及 Yahoo 的 22%，某種程度也隱喻了各網路平台的「流量程度」、「網站商品的豐富性」及「交易量」。

市場或消費者的價值認同

2020 年全球經歷了新冠疫情的影響，對於消費者的購物行爲可能產生了根本上結構的翻轉。永豐商店的劉總經理提到，虛擬通路的建設，無論是早期電子商務的發展或是疫情的當下，最難做的一件事叫做「習慣性的養成」。也就是當環境逼迫你的時候，這個「習慣性的養成」力道是最強的。當消費者使用網路的迫切性越高，各電商平台的資訊化程度也越高。即便是疫情過後，雖然流量會下來，但未來趨勢的曲線一定是往正向的方向發展。

經營電商平台不是開一個網站或是 APP 就可以開店做生意，這部分的經營與實體店面一樣，需要有自己的核心價值與理念。綜觀台灣四大電商平台它們初始經營的理念，就可以略知市場及消費者對它們的價值與認同。momo 網路提出「物美價廉」；PChome 全球首創 24 小時到貨服務及起始客戶群爲 3C；Yahoo 購物則以綜合性商品爲主體；蝦皮購物與前面三家 B2C 經營型態不同，初期經營 C2C 拍賣市場並強調「隨拍即賣」的即時性，後期在轉往 B2C 蝦皮購物的電商平台發展。蝦皮購物的操作介面沿襲過去拍賣 C2C 時期以消費者的使用習慣而建置，這也形成網友目前最習慣前往該平台購物的主因。然而，電商經營的使命與價值會隨外在整體環境的變化而有所因應及調整。

momo 電商成立初期以「物美價廉」爲價值主張，爲了要確認自己的價值是否有傳達到消費端，於是找來「奧美廣告」幫公司進行整體的形象推廣與調查，「物美價廉」是其中一個問項，最後客人給我們的回饋就是「物美價廉」。時任 momo 的洪處長說道：

> 那段時間公司爲達到「物美價廉」的使命，全公司同仁只懂得將老闆的命令執行透澈貫徹到底，東西不合格就退，一定要先做到「物美」，「價廉」的部分一開始就定調了，因此公司的企業文化才在那個時期孕育形成。

當各電商都強調 24 小時到貨服務的時候，PChome 就率先提出台北市 6 小時快速到貨的服務，基於這個外在環境的刺激與變化，時任洪處長繼續強調：

> 現在的客人是越來越沒有耐性，以前電視購物一開始的時候，客人是可以等待的，但隨後到來的網路時代，就養成了沒有習慣性的等待，於是我們公司的使命從「物美價廉」再增加「優質服務」，就是要從興建自有倉庫開始。到現在我們已完成北部自動倉，南部自動倉也在進行，同時運用大數據資料分析的結果，也完成了數個衛星倉庫，同時也投資自有的富昇物流車隊，短鏈物流已逐漸成形。

根據中央社 INSIDE 的報導，momo 購物網自 2021 年 1 月 12 日開始推出雙北「5h 超市」快速到貨服務（圖個 6-4）。該團隊運用人工智慧大數據分析，從數百萬商品中選出超過 5,000 件超市必買的商品，透過自有衛星倉及物流車隊的攜手合作，共同打造出 5 小時內超短鏈的到貨服務，同時也成就了今日 momo 購物網的新使命及價值主張「生活大小事，都是 momo 的事」。

圖個6-4　momo5小時超市專館

資料來源：momo App手機截圖

momo 也利用便利抽樣的方式隨機詢問了許多 momo 網路購物的客戶，詢問對於 momo 購物的整體感受，時任 momo 的受訪者提供解釋並強調：

他們（消費者）認爲，momo 手機的購物介面非常了解我們購物的需求，在其網頁搜詢商品後，會出現棋盤式的商品圖片的簡介及價格，點擊進入瀏覽後，若不是喜歡的商品，返回後會停留在剛瀏覽的頁面，再繼續進行後續的瀏覽，非常的便利。momo 的商品很多，價格也還蠻優惠的，最重要的是，從下單到收貨的時間都很短也很準時。消費者會到購物網站消費，除購買商品外，對還有更深一層意涵，那就是非常的期待商品依約（時間）抵達，並享受開箱的樂趣。

經營電商未來在市場的優勢取決於「商品種類的齊全」及「短鏈物流的發展」，富邦媒的經營策略完全是站在消費需求端的趨勢發展。根據富邦媒 2020 年 12 月的財報顯示，momo 網路購物年增 31%，占合併業績 92%，其中行動購物年增 42%，在網購中占比達 75%，在雙 11 及雙 12 業績的帶動下，全年合併營收達 672 億，年增 29.65%；PChome 全年合併營收 438 億，年增 12.82%。富邦媒的業績優於 PChome，代表消費者認同公司的使命與其所提供給消費者的價值承諾，同時富邦媒也順勢坐穩台灣電商市場的巨頭。

財務績效

本書從營收、獲利及 EPS 等三個財務績效指標來衡量，富邦媒如何成為台灣電商的巨頭。富邦媒旗下通路包含購物網、摩天商城、電視購物及型錄購物等 2021 年合併營收達 883.97 億，其中網路購物營收占比達 91%，獲利 32.8 億，每股盈餘（EPS）18.02 元，分別較去（2020）年增加 31.50% 及 68.8%。反觀 PChome 2021 年的營收為 485.79 億，獲利 9744 萬，每股盈餘為 0.84 元，分較去（2020）年增（減）率為 10.7%，及（61.5%）。

富邦媒自 2005 年以電視購物起家營運，PChome 當時並未將富邦媒視為競爭敵手，但從 2017 年 7 月起，富邦媒的股價及營收就一路超越 PChome，到了 2021 年底富邦媒無論是營收、獲利及 EPS 均遠優於 PChome。即便如此，富邦媒在這 15 年到底做了哪些事情，可以超越台灣電商始祖 PChome，並坐穩台灣電商的寶座，其實 PChome 在被富邦媒超越前，它最大的優勢（台灣第一大電商品牌）反而成為它的劣勢，因為它在那段時間忙著做跨境電商及跟蝦皮拚 C2C 的市場；但 momo 卻在這段期間從 2015 年起，依自己的步調先是投資 42 億元成立「北區自動物流中心」，並於 2017 年 10 月正式營運，2021 年台南永康物流中心正式啓用，同（2021）年 5 月「南部儲配運輸物流中心」開始興建，9 月再投資 13.2 億於彰化和美興建「中區物流中心」等，同時興建其它主要都市的衛星倉庫及 2020 年成立「富昇物流」等基礎建設。根據 momo 購物網官方網站 2022 年 2 月 16 日所發布富邦媒 110 年度營業績效的新聞稿中可看出，過去的投資成效都逐漸顯示於公司的財務績效，截至 2021 年底，momo 已投入營運的物流中心、主倉、衛星倉共達 42 座。爲強化南台灣物流網絡，繼台南永康物流中心作爲前哨站營運啓用後，接續「南區儲配運輸物流中心」也正式動土；「中區物流中心」亦覓得適合的物件，正緊鑼密鼓地的規劃中。這些物流倉及衛星倉的規劃與新建，搭配全資成立的物流體系，使得 momo 購物網才能於 2021 年 1 月推出更優於 PChome 台北市「6 小時到貨」的雙北市「5 小時到貨」的超短鏈物流服務。這些投資都在 2021 年底的財務績效上得以實質的反映出來。

富邦媒的大股東爲富邦金控，爲台灣純本土電商，另外兩家電商公司 PChome 及 Yahoo 購物反而背負了原本電商的思維，僵固過去的經營理念導致失去「短鏈物流」的先機與發展，這些都促成富邦媒體成爲台灣未來電商的新典範。

參考資料

1. 富邦媒官網最新消息。https://corp.momo.com.tw/welcome/view/24
2. 富邦媒社會企業責任報告書。https://corp.momo.com.tw/CSR/csrReport
3. 富邦媒通路版圖。https://corp.momo.com.tw/about/aboutmomo/
4. 方德琳、劉俞青、徐右螢及林葉藍（2020）。恐慌二月天，營收年增40%，強壓對手、瞄準全聯：宅經濟、肉搏戰，momo憑什麼贏！。今周刊（1213期），68～80頁。台北市：金周文化事業股份有限公司。
5. 張庭瑜（2020）。靠4招吸客，拉大與PChome營收差距：momo雙十一進帳30億，電商大廝殺爲何它勝出？。商業週刊（1723期），58～60頁。台北市：英屬蓋曼群島商業家庭傳媒股份有限公司邦城分公司。
6. 張庭瑜及程思迪（2020）。線上購物新主戰場，物流從24小時變20分鐘：熊貓建超市、

momo組機車隊，雙十一揭開店商跨界格鬥戰。商業週刊（1722期），58～59頁。台北市：英屬蓋曼群島商業家庭傳媒股份有限公司邦城分公司。

7. 張佩芬（2022年3月21日），2021電商洗牌！momo規模取勝，東森購物網每股盈餘成長率居冠。ETtoday新聞/財經雲。https://finance.ettoday.net/news/2212247
8. 曾如瑩（2020）。疫情下的電商大戰：一群商人比拚趨勢大師，疫後市值差7倍！momo憑什麼超車PChome。商業週刊（1719期），78～86頁。台北市：英屬蓋曼群島商業家庭傳媒股份有限公司邦城分公司。

國家圖書館出版品預行編目資料

服務創新與管理／廖東山，董希文作. -- 初版. -- 臺北市：五南圖書出版股份有限公司，2022.09
面； 公分
ISBN 978-626-343-045-7（平裝）

1.CST: 顧客服務 2.CST: 企業管理 3.CST: 個案研究

496.7 111010603

5AD8

服務創新與管理

作　　者 — 廖東山（501）、董希文（323.6）
發 行 人 — 楊榮川
總 經 理 — 楊士清
總 編 輯 — 楊秀麗
副總編輯 — 王正華
責任編輯 — 張維文
封面設計 — 姚孝慈
出 版 者 — 五南圖書出版股份有限公司
地　　址：106台北市大安區和平東路二段339號4樓
電　　話：(02)2705-5066　　傳　　真：(02)2706-6100
網　　址：https://www.wunan.com.tw
電子郵件：wunan@wunan.com.tw
劃撥帳號：01068953
戶　　名：五南圖書出版股份有限公司

法律顧問　林勝安律師事務所　林勝安律師

出版日期　2022年9月初版一刷
定　　價　新臺幣500元